便携手册系列

风景园林师便携手册

（原著第二版）

西沃恩·弗农

［英］ 雷切尔·坦南特　著

尼古拉·加莫里

罗　丹　王艺芳　译

U0391422

中国建筑工业出版社

著作权合同登记图字：01-2017-6040号

图书在版编目（CIP）数据

风景园林师便携手册（原著第二版）/（英）西沃恩·弗农，（英）雷切尔·坦南特，（英）尼古拉·加莫里著；罗丹，王艺芳译 . —北京：中国建筑工业出版社，2018.11（2022.3重印）

（便携手册系列）

ISBN 978-7-112-22984-0

Ⅰ.①风… Ⅱ.①西… ②雷… ③尼… ④罗… ⑤王… Ⅲ.①园林设计–技术手册 Ⅳ.①TU986.2-62

中国版本图书馆 CIP 数据核字（2018）第 269158 号

Landscape Architect's Pocket Book, 2nd edition / Siobhan Vernon, Rachel Tennant and Nicola Garmory, ISBN 9780415630849

Copyright ©2013 Siobhan Vernon, Rachel Tennant and Nicola Garmory
All rights reserved. Authorized translation from the English language edition published by Routledge, a member of the Taylor & Francis Group.
Chinese Translation Copyright ©2019 China Architecture & Building Press
China Architecture & Building Press is authorized to publish and distribute exclusively the Chinese (Simplified Characters) language edition. This edition is authorized for sale throughout China. No part of the publication may be reproduced or distributed by any means, or stored in a database or retrieval system, without the prior written permission of the publisher.

本书中文简体字翻译版由英国Taylor & Francis Group出版公司授权中国建筑工业出版社独家出版并在中国销售。未经出版者书面许可，不得以任何方式复制或发行本书的任何部分。

Copies of this book sold without a Taylor & Francis sticker on the cover are unauthorized and illegal.
本书贴有Taylor & Francis Group出版公司的防伪标签，无标签者不得销售

责任编辑：董苏华 张鹏伟 责任校对：王 烨

便携手册系列

风景园林师便携手册（原著第二版）

[英]西沃恩·弗农 雷切尔·坦南特 尼古拉·加莫里 著
罗 丹 王艺芳 译

*

中国建筑工业出版社出版、发行（北京海淀三里河路9号）

各地新华书店、建筑书店经销

北京光大印艺文化发展有限公司制版

天津翔远印刷有限公司印刷

*

开本：880×1230毫米 1/32 印张：8¾ 字数：255千字
2018年12月第一版 2022年3月第二次印刷

定价：**45.00**元

ISBN 978-7-112-22984-0

（32784）

目 录

前　言

　　本书的编写目的是为那些寻求更广泛知识的人们提供简明的参考指南和第一手资料。书中内容是从大量的资料中整理出来，并被提炼成清晰的解释和简洁准确的信息，涵盖了一系列的主题。

　　在进行研究和编写第一版的各个章节时，我们发现有许多相互矛盾的信息来源，甚至在编写这本书的期间，其中一些信息很快就过时了。新的版本允许我们在第一版的基础上更新和改进。尽管编写中我们力求做到尽可能准确，但是众所周知，法律和标准是不断更新和变化的。因此书中提供了资料来源和网站信息，以便读者对现行导则和立法条款进行获取和验证。

致　谢

这本书的出版需要感谢很多人的投入、帮助、建议和支持，包括书中列出的技术代表和出版商。

但是，我们要对以下人员表达特别的赞赏和感谢：

科林·格里芬，罗伯特·麦克法伦，美登赫·迈克伦德，吉莉安·麦克维蒂，鲍勃·罗斯，格雷汉姆·罗斯，莱斯利·塞缪尔，利安妮·西伯莉，卡特里娜·斯科特，温迪·蒂皮特，Austin-Smith-Lord 设计事务所和 TGP 景观设计有限公司。文中插图由吉莉安·麦克维蒂提供。

谢谢你们！

第1章 硬质景观

植草砖催生了新的摇滚组合——断嘴鸟乐队。

1.1 天然石材

天然石材可以分为三类：

火成岩是由熔化的岩石（岩浆）冷却变硬形成的。花岗岩是火成岩的一种。

沉积岩是由生物沉积物经过合并及结晶形成的。石灰岩和砂岩都属于沉积岩。

变质岩是由其他种类的岩石被地球内部的高温高压改变形成的。大理石、页岩和石英岩都是变质岩。

常见商品石材的典型属性和特征

石材/分组	热膨胀系数 mm/m 每 90℃ %	吸水率 %	硬度 （莫氏硬度测量）	孔隙率	湿涨率 mm/m	抗压强度 kg/cm²
火成岩						
花岗石	0.93	0.2~0.5	5~7	可忽略	无	1000~2200
沉积岩						
砂岩	1.0	少于 1.0	6~7	极低	大约 0.7	365~460
石灰石	0.25~0.34	少于 1.0	3~4	较低	0.8~ 可忽略	1800~2100
变质岩						
页岩	0.93	1.0~1.5	2.5~4.0	极低	可忽略	170~240
大理石	0.34	可忽略	2.8~3.5	可忽略	可忽略	900~1250

需要注意的几点：

• 与花岗石、页岩和砂岩相比，石灰石和大理石的热膨胀系数很低。使用花岗石、页岩和砂岩时应预留出足够的材料热膨胀变形量。

• 上述值作为一般参考提供，并会根据石材的地质分类变化。

• 建议大多数种类的石材都应铺设在天然的水平基层上，以减少石材因渗水和霜冻引起的碎裂风险。

• 一般避免在石材表面坐浆，因为通常会导致脱层。

莫氏相对硬度

石材的抓地力和耐用性很大程度上取决于构成石材的矿物质的硬度。矿物的硬度通常是用莫氏相对硬度来定义的，莫氏相对硬度在1882 年由奥地利矿物学家腓特烈·莫斯（Friedrich Moh）提出。下表按升序列出了 10 种矿物的耐刮性，其中 1 表示最软，10 表示最硬。

材料	等效的常见材料	近似等效的石材		
1. 云母	爽身粉			
2. 石膏	指甲			大理石
3. 方解石	青铜	石灰石	页岩	大理石
4. 萤石	铁	石灰石	页岩	
5. 磷灰石	玻璃	花岗石		
6. 长石	指甲锉	花岗石	砂岩	
7. 石英	优质钢	花岗石	砂岩	
8. 黄玉	砂纸			
9. 刚玉	绿宝石			
10. 金刚石	工业用钻石			

特性

花岗石	
颜色	有超过一百多种不同纹样的颜色
特性	极硬，密度高，强度高并且耐风化和磨损。易于切割且可塑性较强。晶粒尺寸从细小到中再到粗，几乎不渗透，但是由于较大矿物颗粒或不同尺寸晶粒的组合，使其具有吸水性。通常耐酸，但会受到浓缩氢氟酸如清洁产品的影响。一些品种的花岗石含有铁，持续暴露在湿气中会变色，可能会出现锈斑
表面	能够通过打磨和抛光形成各种纹理

砂岩	
颜色	颜色在红色、绿色、黄色、灰色和白色之间变化。颜色的变化是结合材料及其所占百分比不同的结果
特性	砂岩通常耐酸、碱和热冲击，但某些砂岩易被浸染。易吸水和油。非常耐用，但容易变脏而显得不太美观。这一点在受到碱性洗涤液清洗后会更加严重
表面	砂岩各层之间结合得非常紧密并且有时可见。可通过抛光打磨形成纹理

石灰石	
颜色	颜色范围从灰色到近乎黑色、红色、蓝色、紫色、棕色和从浅到深的各种绿色
特性	由于强吸水性和易浸染性，石灰石通常不用于与土壤接触的场合，而且石灰石对酸非常敏感。石灰石的抗弯强度使其通常作为较厚的包覆材料使用。石灰石的组成成分使得其允许使用打磨的方式切割轮廓，通过打磨加工的石灰石比其他类型的石材更加经济
表面	抛光，打磨

页岩	
颜色	颜色范围从灰色到近乎黑色、红色、蓝色、紫色、棕色和从浅到深的各种绿色
特性	非常耐用。耐酸碱性好。吸收性取决于硬度，但可以吸收油和水。几乎不渗水
表面	断裂的纹理能产生从细腻到粗糙的变化。可抛光，但往往会很快失去光泽

大理石	
颜色	最纯的方解石大理石呈现半透明的白色。然而，普通大理石经常含有有色矿物和杂质，形成各种颜色或者印记：有粉色、红色、黄色和绿色
特性	石灰石的衍生物。抛光后效果良好。易被酸蚀刻或腐蚀。孔隙率低。可能易吸收油和水。在暴露和受污染的环境中，抛光表面会被破坏。在潮湿的环境中会变色
表面	抛光，打磨

石材常用表面

亚光面	亚光面石材表面不像抛光石材那样光泽，通过使用抛光头产生的略带光泽的平滑表面。表面光滑但通常多孔，几乎没有划痕并且仅需很少的维护。大理石、石灰石和页岩是适合打磨的石材
荔枝面	是通过冲击形成的表面。上表面使用气动工具加工，产生具有凹坑或沟槽的表面
锯面	锯切的表面通过粗抛光产生半光滑且规则的表面
喷砂面	通过高压气枪将粗砂粒喷到石材顶。形成平滑无光泽具有纹理的表面
抛光面	抛光可产生明亮光泽。抛光剂可维持很长时间，但根据石材的类型可能不稳定。花岗石、大理石和石灰石需要经常抛光和不同程度的维护才能保持光泽。抛光表面的纹理是抛光晶体的天然反射，这种纹理表现出天然石材的颜色和纹理
火烧面	粗糙的表面。这种表面主要应用于外部表面，劳动力密集并且可能成本较高。这种纹理是通过加热石材表面至极高温度然后快速冷却实现的，主要应用于花岗石

续表

酸洗面	磨光面上有微小的酸蚀痕迹（表面凹坑）。酸洗表面的划痕很少，比研磨表面看起来更加质朴。大多数石材是可以酸洗的，但最常见的是大理石和石灰石
机切面	初步切割之后，对石材进行进一步的加工以消除明显的锯痕，但其效果达不到磨光之后的效果。通常定制花岗石、大理石及石灰石可以这样处理
裂纹面	这种面具有粗糙的质感，比火烧面磨损少。这种面通常是在采石场通过手工切和凿来实现，暴露出石材的天然裂缝。主要用于石板
滚磨面	表面光滑或微凹，面上有破碎的收边和圆角，大理石和石灰石是滚磨面的主要材料
钢刷面	通过刷洗石材表面来模拟随时间产生的自然磨损，从而实现磨损的外观效果

来源/版权：Materials, Alan Everett, Mitchell's Building Series, Longman, 1986

1.2　金属

　　金属可以被定义为不透明，高导热性和导电性的物质。金属易形成正离子，并且通常是有光泽可延展的固体。纯金属通常非常柔软，如铅、铝和铁，因此用于建造的金属大多数都是多种金属按一定比例形成的合金。金属分为含铁的黑色金属和有色金属。

常见金属的主要特性

有色金属	通常工作性能优良并且耐腐蚀
铜	
性质和外观	C106、C102 和 C101 三个等级的铜可用于建筑施工。在一般环境中呈现三文鱼般的红色。铜会生成保护层和绿色的铜锈，其生成速度取决于周边环境的腐蚀性。这种效果可以通过化学方法更快地获得。铜非常耐腐蚀，尤其是海水，但不耐受无机酸和氨
相容性	可能渍染并腐蚀邻近的其他材料。应避免与其他金属接触。在干燥条件下可与不锈钢相容
连接	可通过焊接，铜焊和软钎焊连接
形式	可制成棒、线、管、板、片和条使用

续表 9

有色金属	通常工作性能优良并且耐腐蚀
铝	
性质和外观	可分为纯铝和铝合金。在正常环境中具有良好的耐腐蚀性，并且在表面形成很薄的白色膜。在潮湿或者暴露在外界环境中时，如果不定期清洁，可能使其表面变得粗糙。不需要涂漆。不建议在海水中使用
相容性	腐蚀产物不会污染相邻表面。必须避免和铜、铜合金（如黄铜）以及裸露的低碳钢接触。与锌、不锈钢和铅的接触是安全的。诸如清洁剂中或腐烂蔬菜中的酸可能会腐蚀铝。铝应受混凝土、硅酸盐水泥或砂浆的保护。铝很容易受到划伤和被污染 *
连接	可通过钎焊和焊接连接
形式	可使用的形式有棒、线、管、板、片和条形
表面	表面通常是打磨的原始表面，铸造面以及阳极氧化处理的表面
锌	
性质和外观	中等强度，延展性非常好。暴露于普通环境中 3~6 个月后会形成保护层，使原有的光亮外层变得灰暗无光。陆地和海洋环境中均有良好的耐腐蚀性。容易受到工业产生的含硫废气的腐蚀。锌一旦固定便不会受到硅酸盐水泥或石灰灰浆的影响。可溶性盐、氯化物和硫酸盐在潮湿条件下可能会腐蚀锌，应该通过沥青类涂层保护或将锌与外界隔离
相容性	避免与铜直接接触。潮湿的木材，尤其是橡木和西部红柏，包括从这些材料中渗出的液体，都可能会对锌造成伤害
形式	有片、带、管、线、棒和压铸形式。主要用于屋顶和墙面包层的板材和带材
表面	可电镀或搪瓷 *

黑色金属	比有色金属更易操作。除了不锈钢和耐候钢，黑色金属需要防锈蚀
不锈钢	
性质和外观	不锈钢是价格相对昂贵的黑色金属，但其强度很高。各种等级可使用的不锈钢有两个主要等级的不锈钢在建筑中使用。在与空气接触的表面，不锈钢会产生一种不可见的耐腐蚀薄膜，并具有很强的抗弱酸和有机矿物酸的性质。不会渍染邻近的材料
相容性	除了在保护条件下的铜和铝，不锈钢可能会加速低碳钢和其他金属的腐蚀
连接	可以通过焊接、铜焊和软钎焊的方法进行锻造，铸造和制造。

续表

黑色金属	比有色金属更易操作。除了不锈钢和耐候钢，黑色金属需要防锈蚀
形式	可使用的形式有管、棒、片、椭圆形等广泛形式
表面	从暗淡到镜面抛光，有五种研磨标准和四种抛光标准。也可以通过改变氧化物涂层来实现着色
低碳钢	
性质和外观	坚固，韧性好，适合轧制成段、条和片材，但不适合铸造。易于焊接。可用于包层、家具等。需要镀锌或其他类似保护才能在外部环境使用
相容性	在干燥和受保护的条件下可能与铸铁相容
连接	可以通过焊接连接
形式	可使用的形式有段、板、片、条、管和杆
表面	表面通常为原厂滚压或铸造后镀锌处理。低碳钢可以进一步通过喷漆和喷砂等一系列方法涂装表面
耐腐蚀钢	
性质和外观	暴露于干湿交替的环境中时，添加铜的普通碳钢会形成氧化物涂层。表面为红铜色变黑形成的黑紫色。强度高，无需保护性处理
相容性	所有腐蚀产物应在最初几年内清除，从而避免污染邻近表面、墙面和铺地等
形式	可使用的形式有段、板、片和线圈
表面	无表面。也可用油漆涂装
铸铁	
性质和外观	易碎，容易断裂。非常适合复杂的锻造，但不适合热加工。通常呈灰色。比低碳钢或锻铁更耐腐蚀。表面形成附着的锈层，所以极少受到锈蚀，因此通常用于厚的部分。铸铁不像低碳钢那样具有良好的焊接性，但出于特殊目的时可以使用合适的焊接工艺充分焊接
表面	极佳的玻璃搪瓷基质 *
锻铁/球墨铸铁	
性质和外观	具有极强的延展性和适当强度的张力，坚韧、耐冲击。稳定性明显优于低碳钢
连接	即使在寒冷的时候，该金属也可以锻造，并通过加热和锤击来连接，是手工制造的最好金属。不能铸造、回火，不能使用气体或电弧焊接

*表面：某些钢可能需要涂层来在恶劣的环境下提供适当的保护，从而确保使用寿命。

来源 / 版权：Materials, Alan Everett, Mitchell's Building Series, Longman, 1986

常见金属表面处理

涂层	
玻璃搪瓷	可应用于铜和铝，由熔融在金属表面的玻璃粉形成
油漆	油漆的外观和寿命取决于金属的质量，表面的制备，涂层厚度以及油漆是否适合周围环境
聚酯粉末涂料	在窑中加热前，需先将带电着色粉末树脂应用于金属表面
耐热搪瓷	先应用搪瓷涂料，然后加热干燥（对流加热烤箱或辐射热灯）
塑料涂层	一种热塑性粉末，在不需要粘胶底漆的情况下，实现对低碳钢和铝的长期黏附
金属镀层	
电镀	适用于各种金属，并且可将一种金属的涂层施加到另一种金属上。通过电解沉积，将均匀厚度的金属层镀着于另一金属表面，如将锡、锌、铝、镉和铬镀于钢和铁的表面
镀锌	一种应用于钢的耐磨保护涂层。通过将钢材酸洗，然后干燥并浸入熔融锌中，形成了通过冶金手段结合在钢材表面的铁锌合金保护层
冷轧板（Zintec）涂层	该涂层可提供一定程度的防腐蚀保护，并具有光滑的表面。用于钢板轧制。施加在表面的锌涂层厚度为 $2.5\,\mu m$
粉末镀锌（Sheradising）	在钢表面提供一层锌合金的保护涂层。锌粉在圆筒中旋转和加热，从而在厚薄不均的表面形成灰色无光泽的铁锌合金层。用于小型物体，如螺母、螺栓和门窗五金配件
机械处理	
喷砂	产生一个可根据砂粒的粗糙程度和使用的空气压力而变化的亚光表层
抛光	可作为其他表面处理方法的基础。根据所用抛光工具的柔软和精细程度，所达到的抛光水平会有所差异
化学处理	
阳极氧化	铝表面会自然形成耐用且具有保护作用的氧化膜。增加氧化膜的厚度，可以提高铝的耐久性。通过将铝浸入电解质（通常是硫酸）中并使电流通过铝材来使氧化膜变厚，然后将铝材表面浸入水中。表面在密封前可以染色

14

1.3 不锈钢

性质和特点

不锈钢是最耐用的材料之一。有许多不同等级的不锈钢可供选择，每种都有不同的机械性能和耐腐蚀水平。通常不锈钢的耐腐蚀性随着其中铬含量的增加而提高。

不锈钢的耐腐蚀性源于钢表面受氧化形成的富铬氧膜。与碳钢上形成的铁锈不同，这种膜是稳定的、无孔的，并且紧密地附着在钢的表面。它通常可以自我修复并能抵抗化学侵蚀。

如果薄膜被划伤或者破损，暴露的表面会重新形成氧化膜，从而更新氧化物层。因此不锈钢具有固有的自愈性质。钢表面形成的沉积物可以减少氧气的进入，从而使耐腐蚀性降低。氧化物组成的稳定性主要取决于以下因素：

- 材料中含有的合金元素（特别是铬、钼和氮）；
- 环境的腐蚀性。

不锈钢等级及其属性

在建筑中广泛应用的不锈钢等级以粗体突出显示。

体系分类	EN10088 标准牌号	俗称	属性
奥氏体不锈钢（Austenitic）	1.4301	304	具有较广的耐腐蚀范围和良好的加工性能；可以制成如片、管、紧固件和固定件等多种形式。1.4401（316）具有比 1.4301（304）更高的抗电腐蚀性。有大部件的大面积焊接需求时应特别使用低碳钢（L）
	1.4307	304L	
	1.4401	316	
	1.4404	316L	
铁素体不锈钢（Ferritics）	1.4509	441	耐腐蚀性范围从 304 至 316。可用于片材和管材，适用于平钢板和管状扶手。设计强度比奥氏体略高，因此厚度可以相对减小
	1.4526	436	
	1.4521	444	

续表

体系分类	EN10088 标准牌号	俗称	属性
双相不锈钢（Duplex）	1.4482	ACX 903	耐腐蚀范围从 304 到 316。可用于片材、板材和管材。适用于平钢板、管状扶手和结构部件。比标准奥氏体不锈钢具有更好的强度和耐磨性，同时具有良好的抗应力腐蚀开裂性能。可减少厚度
	1.4162	LDX 2101	
	1.4062	DX 2202	
	1.4362	2304	
	1.4462	2205	比 316 耐腐蚀性更好。可用于片材、板材和管材。常用来制作平钢板、管状扶手和结构部件。设计强度是奥氏体的两倍，可以减少厚度

　*俗名来源于现在已经被部分取代的英国标准和 AISI（美国钢铁协会）系统，Duplex 则是一个品牌名称。

　在确定选择哪种不锈钢时，应考虑以下几个方面的评估：

- 现场环境和天气；
- 表面和设计；
- 预算和可能的维护程序。

不同空气环境中应用的不锈钢等级建议

不锈钢等级	位置											
	乡村			城市			工业			沿海和海洋		
	L	M	H	L	M	H	L	M	H	L	M	H
1.4301（304）或等效钢材	√	√	√	√	√	*	*	*	×	√	*	×
1.4401（316）或等效钢材	■	■	■	■	√	√	√	√	*	√	√	*
特殊高合金等级	■	■	■	■	■	■	■	■	√	■	■	√

定义

　乡村——该类别包含人口密度低且工业污染程度轻或无污染的农村或者郊区。

　城市——受到低至中等程度车辆交通污染的住宅区、商业区和轻工业区。

工业——工厂在化学加工过程中释放出由煤和煤气燃烧产生的硫和氮氧化物。

沿海和海洋环境——当地的风力情况决定了海盐可以被携带到的内陆范围。一般来讲，距离海水 5~10 英里（8~16km）范围内的陆地被认为属于沿海区域。在沿海区域，材料会浸泡在海水中，或者经常受到海水泼溅，应当寻求专家建议，因为这种环境可能需要超双向不锈钢，超铁素体不锈钢或者含钼 6% 的超奥氏体不锈钢。

L——该类别内腐蚀性最低的状况，如低温、低湿度。

M——在该类别中最为典型。

H——腐蚀性可能高于该类别的典型状况。如持续高湿度、高环境温度和腐蚀性空气污染导致的环境腐蚀性增强。

√——可能是综合耐腐蚀性和成本考虑的最佳选择。

■——在耐腐蚀方面性能过剩。

*——如果采取预防措施，值得考虑。例如采用相对光滑的表面并且定期进行清洗。

×——可能会遭受严重腐蚀。

需要考虑提升性能和防止锈蚀的因素

当地的天气	• 雾、细雨或高湿度环境中的湿气可以与表面上的腐蚀性化合物结合，使其活性化并造成腐蚀； • 高温会提高腐蚀速率； • 小雨不会清除表面污染物； • 伴随着强降雨或强风和降雨的风暴可能会清除腐蚀性沉积物； • 大多数腐蚀性环境都处在降雨量少或无降雨、高温、盐碱、侵蚀性污染、中等到高湿润程度或常有雾的区域
盐接触	• 除冰盐是氯化钠或氯化钙或两者的混合物； • 盐矿可使道路或人行道周边的环境受到腐蚀； • 根据交通量、风速和气候，盐污染可散布至高达 12 层的建筑物，在繁忙的高速公路上可扩展至 200m 远
保养	• 鼓励定期保养和按计划清洁； • 设计方便手工清洗的光滑圆角
细部处理	• 暴露组件从而获得更好的雨水清洗效果。即部分遮蔽的组件比起完全暴露或完全遮蔽的组件更容易受到污染； • 选择光滑的表面装饰； • 尽量减少水平面，并提供清晰的排水路径； • 消除密封缝隙、狭缝或间隙以避免灰尘和化学物质截留； • 不与其他金属连接

不锈钢的表面处理

表面处理可以在制造之前就应用于材料，也可以在制造后再施加在材料表面。即生产前或生产后的表面处理。

最终选择应用的涂饰将会对材料的外观、耐腐蚀性、易清洗程度和耐损伤性产生重大影响。

表面	特性 / 外观	备注
光面	所有的热轧和冷轧材料经过热处理后由轧机给出的基本表面。这可能是一个合适的表面，或者是进一步表面处理的基础	使用合适的酸溶液酸洗可以实现良好的耐腐蚀性
（1D）	热轧、热处理并且酸洗形成均匀无光泽的表面	
（2B）	冷轧、热处理、酸洗并且进行表皮光轧（用抛光辊进行额外的最终轻轧）。具有光滑、珍珠般半光泽的外观	易沾指纹
（2R)	冷轧、光亮退火处理后使用抛光辊轧，形成高度反光的镜面般的表面	熟练的抛光工人可去除表面划痕
三维轧花	三维轧花通过冷轧方式将图案轧在钢条表面或内部。可单面处理也可双面处理。设计包含低反射表面。图案要适应冷轧的光面材料	存在轧制 0.1mm 厚度不锈钢的设备。加工处理长度超过4000mm 的材料非常困难
机械抛光或拉丝表面	广义的机械抛光表面处理包含使用单一的粗糙材料或一系列的材料切割或抛光表面	拉丝、纹理表面和抛光，反光表面可能易受损坏。刮痕可能被擦除。修补抛光面是可能的，但是非常复杂
	EN 10088 标准中列出的主要表面类别有：	
（1G 或 2G）	磨砂或粗抛光。适合内部使用	不反光，粗糙度可以控制
（1J 或 2J）	比粗抛光更光滑	磨光或钝光抛光。不是非常反光。可以指定粗糙度。适合内部使用
（1K 或 2K）	控制切割出的光滑表面	明亮且具有高反光度的抛光表面
（1P 或 2P）	在机械抛光的表面中耐腐蚀性最佳	反光率很高的光亮抛光表面
电解抛光	提高钢的反射率并且提供光滑的表面。方法包括去除表面层，其中最高点处的表面损失最大	提供了优异的耐腐蚀性，因为处理后的表面光滑且避免了不规则。易受刮伤和损坏。表面处理通常在制造前进行

表面	特性／外观	备注
喷砂表面	通过向钢材表面喷射坚硬惰性材料，所产生的冲击形成无方向性且无光泽的表面装饰。当介质在一定的粗糙范围内时，这种处理可以形成具有柔软断面反射效果的非定向纹理。与低反光的酸蚀表面外观相似。可以使用包括砂、玻璃珠、铅珠、不锈钢弹丸、磨碎的石英和碳化硅等各种介质	冲击会导致变形，因此不适用于厚度低于 0.4mm 的不锈钢。可以通过使用精细介质实现最佳的腐蚀效果
彩色表面		
涂漆	一些制造商通过滚涂的方式生产涂漆不锈钢。涂层提供底漆，预漆系统以及基于丙烯酸和 PVF 系统的表面处理	
化学着色	通过浸入铬酸和硫酸溶液中进行着色。颜色包含青铜色、蓝色、黑色、炭黑色、金色、红色、紫色和绿色。可用于（304）1.4301 钢材和（316）1.4401 钢材	一般应用于不锈钢板材。也可应用于不锈钢构件。一旦划伤便难以修复。可与轧制、酸蚀或喷砂加工组合
装饰表面		
酸蚀	去除很薄的一层表面材料，用于生产标准和预制的表面。蚀刻的区域外观上变得具有磨砂质感。未蚀刻的区域可以是镜面或带纹理抛光表面	仅适用于不锈钢板材。图案深度由暴露于酸的范围控制。通常可以蚀刻材料的最薄厚度是 0.8mm

产品尺寸范围

每个制造商产品的尺寸和范围会有所不同。实际的尺寸和可用性需参考各个制造商的信息。

类型	处理方式	表面处理	近似的产品尺寸	
			厚度（mm）	宽度（mm）
片材、带材、线圈	热轧		2.0~13	1000~2032
	冷轧	软退火 2D	0.25~6.35	最高 2032
		平整轧制 2B	0.25~6.35	最高 2032
		光亮退火 2R	1.0~2.0	最高 1250

续表

类型	处理方式	表面处理	近似的产品尺寸	
			厚度（mm）	宽度（mm）
		拉丝	0.4~2.0	最高 1500
		抛光	0.4~5.0	最高 1524
		轧花	0.1~3.0	最高 1350
板材	热轧		3.0~200	1000~3200
	冷轧		3.0~8.0	1000~2000

类型	工艺路线	形状	厚度（mm）	宽度（mm）	直径（mm）
条	冷轧或热轧	圆形			2~450
		方形			3~300
		扁钢	3~25	12~150	
		六边形			5~100
空心型钢	无缝或使用条板焊接	矩形空心	1.0~8.0	20×10~250×150	
		方形空心	1.0~8.0	10×10~300×300	
		圆形空心	0.25~60		3~1500
		椭圆形空心	1.5~3.0		61×37~121×76
建筑型钢	热轧	等边角钢	2.0~20	10×10~180×180	
		不等边角钢	2.0~20	20×10~200×100	

维护、清洁和补救维修

裸露不锈钢的清洗方法		
要求	清洗方法	注释
轻微污迹的日常清理	肥皂、清洁剂或用温水稀释的氨水（1%）。用干净的海绵、软布或软纤维刷清理，然后用清水冲洗并干燥	

续表

裸露不锈钢的清洗方法		
要求	清洗方法	注释
油和油脂痕迹	烃溶剂	
褪色、水渍和轻微的锈迹	温和、不产生划痕的乳霜和抛光剂。使用软布或软海绵涂抹。用清水冲洗掉残留物并干燥	避免使用含氯化物的溶液或者含有粗糙添加成分的乳霜
碳钢污染造成的局部锈斑	专用凝胶或 10% 磷酸溶液，然后用氨水冲洗或先使用草酸溶液，然后用水冲洗	不能使用碳钢的丝绒刷
黏附硬水水垢或飞溅的砂浆 / 水泥	10%~15% 体积的磷酸溶液。加热使用，并用稀释的氨溶液中和，然后用清水冲洗并干燥	可使用添加表面活性剂的专用配方。避免使用基于盐酸的砂浆去除剂
氧化着色或严重变色	（a）无划伤抛光剂。使用软布抛光，然后用清水冲洗并干燥。 （b）尼龙垫	（a）适用于大多数表面。 （b）沿拉丝或抛光表面的纹理使用
涂抹和涂鸦	根据油漆类型有专用的碱性或溶剂型脱漆剂。在图案表面使用软尼龙刷或鬃毛刷	按照制造商的说明使用

来源 / 版权： *Architects Guide to Stainless Steel*, The Steel Construction Institute/Nancy Baddoo, Rana Burgan, Raymond Ogden, 1997, SCI publication 179

更多信息，请访问英国不锈钢协会网站：www.bssa.org.uk

1.4　木材

可持续原料

可持续性

林业经营和木材供应的可持续性是选择木材品种时需要考虑的重要因素。需要特别关注的是，热带丛林因农业开发而遭受破坏，导致自然栖息地丧失和当地生态系统的破坏。有很多指导和法律可供参考，以协助进行知情且负责任的采购。

世界自然保护联盟濒危物种红色名录

世界自然保护联盟（IUCN）是保护自然和自然资源的国际联盟。该联盟是一个全球范围的保护联盟，使命是保护自然的完整性和多样性，并确保任何使用自然资源的行为都是公平并且生态可持续的。世界自然保护联盟濒危物种红色名录是世界上最全面的全球植物和动物物种保护状况清单。它使用了一套标准来评估数千种物种和亚种的灭绝风险。这些标准与世界所有物种和地区相关。凭借其强大的科学基础，世界自然保护联盟濒危物种红色名录被认为是最权威的生物多样性状况指南。该名录的主要目的是向公众和决策者传达保护问题的紧迫性和严重性，并激励全球社会努力减少物种灭绝。列表中包含了许多种类的木材。

华盛顿公约（CITES）

《华盛顿濒危野生动植物种国际贸易公约》（CITES）旨在通过规范和监控某些动植物种的国际贸易来对其进行保护，以防止其步入不可持续的境地。CITES 秘书处由联合国环境规划署（UNEP）管理。《华盛顿公约》管理着超过 33000 种物种的国际贸易，这些物种被列入公约的三个附录中。修改附录的提案和执行的新决议在缔约方三年一次的会议上被审议。《华盛顿公约》的每一方都必须有一个管理机构。野生动物保护部门，和环境食品与农村事务部（Defra）下属的野生动植物栖息地和生物多样性部门一同构成英国 CITES 管理局。管理当局负责确保公约在英国得到正确执行，其中包括执行公约和为 CITES 公约物种的进出口和商业使用活动颁发许可。依照公约规定，CITES 许可证的申请需向 CITES 指定的权威科学机构咨询有关物种的保护状况。

木材专家鉴定中心工作组（CPET）

木材专家鉴定中心工作组（CPET）是英国政府的一个专项职能部门。CPET 由环境食品与农村事务部（Defra）设立，由 ProForest 公司经营，该公司在接受负责采购的咨询方面有丰富的经验。从 2009 年 4 月起，英国政府的合同要求木材产品需通过可持续认证，认证标准需获得 CPET 认可或包含在 FLEGT 许可证范围内。

欧盟木材法案（FLEGT）——欧盟行动计划

欧盟木材法案（FLEGT）制定了一项行动计划来应对非法采伐和贸易相关木材产品的行为。FLEGT 抵制非法采伐，并将发展中国家的治理水平与合法贸易手段以及欧盟内部市场影响挂钩。

森林管理委员会（FSC）和森林认证委员会（PEFC）认证方案

森林管理委员会（FSC）是一个非营利的国际组织，其成员包含环保组织和社会团体。该组织通过促进林业与木材零售公司的合作来改善全球的森林管理。组织旨在采用最低符合法律要求的环境标准，并且将环境因素纳入到交通运输、能源使用、污水净化、垃圾处理和健康安全等领域的决策中去。

认证方案

独立验证和森林认证是确保贸易木材合法和可持续的便利方法。特别是森林管理委员会（FSC）和森林认证委员会（PEFC）认证方案，为消费者提供了确保其使用材料来自可持续管理森林的手段。还有许多认证方案，如 CSA,MTCC 或 SFI。

政府木材采购政策

现在的许多合同都规定，木材产品必须符合政府木材采购咨询说明中的规定。承包商必须确保砍伐树木的组织拥有对森林的合法使用权，持有与林业运营相关的全国和地方法律以及业务法规的注册证明，符合所有国家和地方法律，包括环境法、劳动法以及健康和安全法，并已支付所有特权使用税和其他税费。承包商在交付木材或木材产品之前必须获得木材合法和交易合法的证明文件。这份证明需在交货后六年以内提供。此外，木材的森林来源以及整个供应链必须可追踪，并由恰当的且符合 ISO 65：1996 指南的第三方组织进行验证。对于来自通过认证、妥善管理的林场的木材还有另外一种规范，那就是 ISO/IEC 指南第 59 条：良好实践法规，该规范独立执行。

木材供应商可提供各类认证、公司政策或采购工具来协助进行对环境负责的采购。木材贸易联合会采购负责政策和产销监管链都是这种验证的例子。这些机构可以协助规范条款，以便为供应商提供条件，而不是依据特定物种的可持续性或原产地国家来确定是否符合环保认定标准。

监管链

监管链（COC）是指从森林中的树木，到加工工厂，到仓储再到最终客户追踪木材。重要的是，每个阶段都有系统来确保材料的识别，而且供应链的第三方审核机构必须确保在任何阶段都不存在污染。

为了使整个进程有效工作，供应链中的每家公司都必须针对其整套工作方式，对其 COC 系统进行审核。

木材的选择

软木是针叶树的木头。软木这个术语并不反映木材品种的硬度，但是通常来说软木比硬木要软。一些软木硬度较大，如红豆杉，而一些硬木则较软，如椴木。

硬木是阔叶双子叶树的木头。硬木通常比软木更硬，密度也差异很大。

木材的选择和处理需求

用于特定用途木材的选择由以下因素确定：

- 天然耐久性；
- 构件的使用寿命要求；
- 木材的使用环境；

- 木材是否被防腐处理。

耐久性——耐久性仅指不同树种心材对真菌腐烂的抵抗力。每种木材心材的天然耐久性有所不同。BS EN 350-1 制定了心材物种天然耐久等级：非常耐久，耐久，适度耐久，略耐久，不耐久。BS EN 460 给出了木材自然耐用性是否足以满足危险等级的指导。多数树种的边材都是不耐久或略耐久的，未经防腐处理不应在暴露环境中使用。

使用寿命——使用寿命要求在 BS8417 中分为 15 年、30 年或 60 年使用寿命。

使用环境——木材的使用环境被定义为生物危害级或 BS EN 335-1 规定的使用等级。

下列是使用等级和典型的使用环境

使用等级	使用环境
1	无受潮风险的内部环境
2	有受潮风险的内部环境
3	防潮层上的外部环境
4	与地面或淡水接触或长期暴露于潮湿环境
5	长期浸泡在盐水中

不是所有木材都同样易于吸收防腐剂，因此不同种木材的可处理性不同。如果选定了一种木材，应注意确保该种木材对应适合的处理方法。

需要注意的几点：

- 如果木材的心材具有足够的天然耐久性，那么即使在生物危害等级存在的情况下使用，也无需进行处理；
- 天然耐久性高的木材通常来源于脆弱的环境。

适于在水中使用的木材

心材未经处理就可以在海水中使用的木材种类	可持续状态	心材未经处理可以在淡水中使用的木材种类	处理后可在海水和淡水中使用的木材种类
非洲黑叶 *	EN		
非洲红豆木	CITES II /EN		
非洲阿勃木 *	EN		
花梨木	VU/EN		
艾基木 *	CITES II /VU	所有在 BS EN 350-2 中被分类为耐用的木材	所有满足连接和保持形态性能要求的木材
绿心硬木 *	DD		
绿柄桑木	CITES II /LR		
红柳桉树			
黄胆木 *	VU		
柚木			

＊最适合在海水中使用的木材种类。

适用于外部细木工的硬木，根据心材的耐久性分类

低于中等耐久（需要处理）	中度耐久或以上（只需要处理边材）	可持续状态
深红柳桉	非洲红豆木	CITES II/EN
红柳桉	非洲胡桃木	VU
	非洲阿勃木 */ **	EN
	巴西 / 美国桃花心木	VU/EN/CITES II
	非洲伊地泡木 *	VU
	非洲樱桃木	EN
	美国白橡木	
	欧洲橡木	
	栗褐黄胆木	VU
	西非萨佩莱木	VU

29

续表

低于中等耐久（需要处理）	中度耐久或以上（只需要处理边材）	可持续状态
	柚木	
	良木非洲楝木	VU

* 这些木材的边材和心材不易分辨；
** 树脂渗出情况可能因防腐处理而加剧。

一些可能发生变化的动态信息
华盛顿公约（CITES）
附录一 —— 禁止交易
附录二 —— 允许拥有原产国出口许可证及来自英国环境和农村事务部的进口许可证的交易
附录三 —— 各缔约国内保护的物种
世界自然保护联盟（IUCN）濒危物种红色名录规定的威胁分类标准
CR——严重濒危：在野外灭绝的风险非常高
EN——危险：在野外灭绝的风险很高
VU——脆弱：有灭绝的风险
LR（NT）——风险较低（接近受到灭绝威胁）：接近于划入脆弱级别
DD——数据不足
LC——无需担心
来源 / 版权：Wood Protection Association. For further information The Wood Protection Association publishes guidance in the form of information sheets and a manual, Industrial Wood Preservation - Specification and Practice, see www.wood-protection.org

下表概述了适合外部细木工的木材的一些属性。由此可验证材料是否具有可持续性以及良好的管理证明。

木材种类 来源	类型 颜色	加工性 密度	纹理 耐久度	可处理性 水分移动	注释
北美黄杉 （*Pseudotsuga menziesii*） 北美洲	软木 边材为浅蜂蜜色，心材为深棕色	好 530 kg/m³	精细 中等	极困难 低	
非洲伊地泡木 （*Terminalia ivorensis*） 西非	硬木 浅黄色棕色	中等 540 kg/m³	中等 耐久	困难 中等	■ VU 也称作科特迪瓦橄仁木或浅黄黄橄仁
绿柄桑木 （*Chlorophora excelsa*） 西非和东非	硬木 从浅黄到淡棕色	中等/困难 660 kg/m³	中等 非常耐久	极困难 低	CITES II LR（NT） 这是一种耐磨且耐腐烂的木材
红柳桉树 （*Eucalyptus marginata*） 澳大利亚	硬木 从粉红到深红	困难 8250 kg/m³	中等 非常耐久	极困难 中等	
落叶松木 （*Larix decidua, Larix europaea*） 欧洲	软木 淡红色/棕色	中等 550kg/m³	精细 略耐久	极困难 低	

续表

| 木材种类 | 类型 | 加工性 | 纹理 | 可处理性 | 注释 |
来源	颜色	密度	耐久度	水分移动	
巴西桃花心木（Swietenia macrophylla） 南美	硬木 从红棕色到深红棕色	好 560 kg/m³	中等 耐久	极困难 低	CITES II
柳桉木（红）（Shorea spp） 南亚、东亚 由于该物种的多样性，其物理性质变化很大	硬木 深红色/棕色	好 670 kg/m³	粗糙 中等/耐久	困难/极困难 低	CR/EN/VU- 取决于种类 根据产地也被称为望天树、梅兰蒂木、马来红柳桉、柳安木
橡木（Quercus spp Quercus robur and Quercus petraea） 欧洲	硬木 黄褐色	中等/困难 670 kg/m³	中等到精细 耐久	极困难	■
紫檀木（Pterocarpus soyauxii） 非洲	硬木 从亮红色一直变深到深紫褐色	中等 770 kg/m³	粗糙 非常耐久	中等 低	

续表

木材种类 来源	类型 颜色	加工性 密度	纹理 耐久度	可处理性 水分移动	注释
南方黄松 （*Pinus palustris & Pinus elliotti, Pinus echinata, Pinus taeda*） 北美	软木 从黄褐色至红褐色	好 660 kg/m³	中等 中等	极困难 低	榆木、桉树、火炬松 LR（NT） 长叶松 VU ▬
沙比利木 （*Entandrophragma cylindricum*） 西非	硬木 红褐色	中等 620 kg/m³	中等/精细 中等	极困难 中等	VU
红崖柏木 （*Western Red Cedar*） 北美	软木 边材为白色，心材为深棕色	好 370 kg/m³	粗糙 耐久	极困难 中等	自然环境下会变成银灰色 ▼
良木非洲楝木 （*Etrandophragma utile*） 西非	硬木 均匀的红色或略带紫色的棕色	好 660 kg/m³	中等 耐久	极困难 低	VU
白橡木 （*Quercus spp Quercus alba*） 北美	硬木 浅黄色到中棕色	中等 760 kg/m³	中等到粗糙 耐久	极困难 中等	■▼

▬胶/树脂渗出可能很麻烦；■在潮湿环境中与铁接触会留下污渍；▼在潮湿条件下不会腐蚀金属。

一些可能发生变化的动态信息

华盛顿公约（CITES）

附录一——禁止交易。

附录二——允许拥有原产国出口许可证及来自英国环境和农村事务部的进口许可证的交易。

附录三——各缔约国国内保护的物种。

世界自然保护联盟（IUCN）濒危物种红色名录规定的威胁分类标准

CR——严重濒危：在野外灭绝的风险非常高；

EN——危险：在野外灭绝的风险很高；

VU——脆弱：有灭绝的风险；

LR（NT）——风险较低（接近受到灭绝威胁）：接近于划入脆弱级别。

备注

密度——木材的密度随其种类和含水量变化。引用含水量的值平均为 15%，由湿气造成的水分增加可以通过每重量增加 0.5%，含水量增加 1% 的方法估算。

纹理——表面纹理取决于木质细胞的尺寸和分布情况，光线也起到次要作用。分类从精细到中等再到粗糙。

加工性——指木材加工处理的难易程度。分为优秀，好，中等，困难四个等级。

湿涨率——指干木材经受空气环境变化时发生的尺寸改变。这种变化分为小，中、大三类。

干燥和烘干——烘干木材可减少木材所含的天然水分。如今除了作为外部施工用出售的木材外，大部分出售的木材都是烘干的，平均含水量为 12.5%~15%，适合在除持续集中供暖外的大多数室内情况下使用。

北美进口的已烘干的木材平均含水量为 8%~10%。

尺寸——大多数进口硬木的形式为长度和宽度随机的方形板。通常以长度和大于等于 6 英尺（约 182cm）的长度和大于等于 6 英寸（约 15cm）的宽度尺寸出售。然而，远东木材的尺寸通常长度大于等于 8 英尺（约 243cm），宽度大于等于 4 英寸（约 10cm），北美木材通常长度大于等于 6 英尺（182cm），宽度大于等于 4 英寸（约 10cm）。以上规格表示长宽的平均尺寸。结构性硬木通常都被锯成所需尺寸。

参考 BS EN 350-2 以获得更多木材种类信息。

来源／版权： Lathams Ltd, www.lathams.co.uk

1.5 木材外部表面

主要有四种类型的材料适合木材外表面的处理：防腐剂、清漆、油漆和外部木材着色剂。防腐剂通常不被设计或期望提供外部表面装饰。相似地，油漆和外部木材饰面不能为木材外表面提供足够或适当的保护。英国市场上所有的木材防腐剂都由安全与健康执行局根据 1986 年农药管理条例批准认可。

表面 / 应用	外观	性能	维护
木材染色剂 刷子 可能基于有机溶剂或水	半透明。 会改变木材的色调或颜色，但木材的纹理通常保持可见。 不同产品的表面效果不同，包括光泽、无光泽和高光泽度	水气可浸透木材。主要通过使木材表面脱水实现色彩变化。可降低风化作用的影响，但不能代替防腐剂。在垂直表面上效果更好。在粗糙的锯切表面的效果比光滑的抛光表面好	先用水洗去风化污迹和其他松散灰尘颗粒，然后施加一层或多层染色剂。木材染色剂会逐渐褪色和被侵蚀，而不是破裂或剥落
油漆 刷子 可能基于有机溶剂或水	不透明。 表面效果从光泽到半光泽到无光泽。 在木材表面形成坚实的薄膜，可以掩盖瑕疵、木节等	主要通过使木材表面脱水来产生效果。在垂直面上的效果比在水平面好，但不能代替防腐剂	用细磨砂剂彻底清洁或通过剥离和炙烤去除老化严重的油漆，然后涂上新油漆
清漆 刷子	透明。 可提供优质的天然表面	含有树脂或有干性油的改性树脂。 基本上是一种不含颜料的油漆。只能提供有限的风化保护，不能替代防腐剂	外部应用时可能需要长期且频繁的维护。清洁表面，刮掉松动和剥落的部分，用砂纸打磨至裸露的木材，并且给被漂白的区域染色。涂一层或多层清漆

表面/应用	外观	性能	维护
焦油/木馏油 加压渗透 可以刷涂。如今只限于专业和工业用途，不得在室内、玩具、游乐场、花园家具等使用	半透明。 把木材的色调和颜色变为深棕色/黑色，并且保持木材的纹理可见	持久有效的木材防腐剂。适用于嵌入地面的木材，使用等级3（无涂装），4和5。有强烈气味。很难掩盖。特别是在高温时段，可能会渗出木馏油。会污染接触的吸水材料。在使用的前几个月，可能对植物有害。刚经过处理的木材可能更加易燃	不需要维护；然而可能需要周期性的表面处理来维持表面色彩。如果一开始使用的是刷涂或冷浸的方法，可能需要更频繁的重新涂装
有机溶剂 通过双真空或加压渗透工艺应用。 浸蘸或刷涂	除非增加颜料，否则不能为木材提供装饰性表面或改变木材颜色。通常可用于干扰成膜性能或施加附加表面涂层的防水等级	只适用于地表环境，如包层和细木工，使用等级1，2和3（涂装）。在防水等级中可用，因此有利于外部使用。不改变木材的尺寸或颜色。在高温高湿环境中溶剂可能会逐渐溶出	不需要维护；然而长期暴露可能会变脏或褪色。如果初始使用刷涂的方式涂装，那么可能需要重新涂装，因为刷涂仅能提供最低限度的保护
水溶性有机物 通过高压处理应用	处理效果很清晰且不会将木材染色。可添加着色剂	适用于使用等级3（无涂装和涂装），用于外部景观和木材包层非常理想。也可用于使用等级1和2。处理可能会引起木材膨胀，表面变得粗糙并造成一定程度的变形	不需要维护
微乳液 加压渗透	用于不是非常重视表面外观的细木工物品	仅适合内部使用，使用等级1，2和3（涂装）。对尺寸影响不大，但可能会使粗糙度增加	
有机铜 铜唑或铜氨木材防腐剂 真空/加压渗透	处理使木材呈现绿色。处理时可以加入染色剂。处理后无异味，处理过的木材不会污染相邻的材料或使之变色	减缓自然风化的速度。适用于与地面接触的外部环境，使用等级1~4。处理可能导致木材膨胀，粗糙度增加或变形。永久防腐且防腐剂不溶于木材，形成了一个保护木材不受污染、腐烂、霉菌和昆虫损害的"壳"	不需要维护；但长时间暴露可能会变脏或褪色

使用等级——详细信息请参考1.4节木材

注释

- 铬化砷酸铜（CCA）防腐剂在英国和整个欧洲的使用许可在 2006 年 9 月 1 日被撤销；
- 欧盟内部已无法获得新产的 CCA 防腐处理的木材，只能从欧盟外部进口；
- 使用 CCA 处理的木材在 2007 年 9 月前依然可以使用，但使用受规定限制；
- 根据欧洲议会和理事会第 1907/2006 号条例（EC）规定，禁止使用木馏油和经木馏油处理的木材；
- 更多信息和指导可从以下途径获得：

  The REACH Enforcement Regulations 2008 SI 2008/2852.

  Use of CCA-treated timber, A Wood Protection Association Guidance Note.

  Creosote（Prohibition on use and marketing）（No. 2）Regulations 2003.

- 被列入 WPA 手册"工业木材防腐剂——规范与实践"（the WPA Manual Industrial Wood Preservation – Specification and Practice）中的防腐剂，其供应商名单可从木材保护协会获得；
- 关注木材商品的性能，和对木材处理有特殊要求的组织包括：国家房屋建筑委员会，英国建设法规处，苏黎世建筑保障局，英国电信和路政署。

来源 / 版权：木材保护协会（The Wood Protection Association）

更多信息和指导，木材保护协会以信息表和手册"工业木材防腐剂——规范与实践（2012 年 2 月版）"（Industrial Wood Preservation-Specifi cation and Practice, 2nd edn 2012）的形式出版发布，详见 www.wood-protection.org。

1.6　砖及砖结构

40

砖的类型有很多，但绝大多数都是黏土烧制的。以下是一些砖的类型定义。

定义

- 标准砖被定义为实际尺寸为 $215 \times 102.5 \times 65$（mm）的砌筑单元。每个单元至少与一个顺砖面和一个丁砖面相对。

- 面砖的作用是提供一个具有吸引力的外观，面砖有非常丰富的颜色、类型和纹理，如平滑拖拉面、褶皱面、轧制面、粗面和原始面。砖适用于全部耐久性分类，因此在一些极端暴露和其他不适合使用的区域，相对的有工程属性的砖可供使用。

- 硅酸钙砖由混凝土和砂子 / 石灰制成。它是黏土砖的替代品，并且具有一系列的纹理和颜色。这种砖成本较低，但通常不如黏土砖美观。

- 工程砖不用来表现外观，对颜色和纹理没有要求。是可以保证达到最低抗压强度要求和具有最大吸水率的致密砖。适用于地面工程、挡土墙和作为低级防潮层（DPC）用于独立墙壁。

- 普通砖常被用作具有传统外观的面砖。采用的生产流程导致其具有柔和的表面和稍显不规则的形状，并且具有颜色和纹理的变化。这种砖是使用砖模通过机器压模制成。使用砂子以便于将砖从模具中取出，同时形成了柔和的表面和略微不规则的外形。普通砖通常比金属丝切割砖（一种表面上有模糊线条的砖材，适用于铺装）更贵。

- 手工砖由熟练的工匠手工生产。每块砖都是独特的，具有独特的褶皱纹理，并且通常比其他种类的砖更贵。手工砖也可以通过机器加工仿制，成本比真正的手工砖要低。

- 水洗砖是用水从模具中取出的模制砖。是不含孔洞和凹槽的实心砖。砖块具有光滑的边缘或棱边。

- 弗莱顿砖由"牛津"黏土制成，并含有会在烧制过程中燃烧的有机杂质，从而形成有趣的表面。具有各种颜色和纹理，并且相当经济。

- 线切/挤压砖的制作是通过将黏土挤出模具，然后使用线切割，制成平滑且形状规则的砖块。表面纹理可以通过添加砂子或处理表面来实现，而且这种砖有各种颜色可以选择。是最便宜的面砖。

砌筑方式

砖的砌筑方法有很多种方式，以下是一些常用方法：

顺砖砌筑

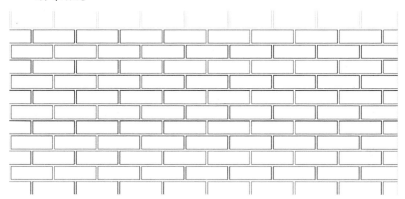

丁砖砌筑

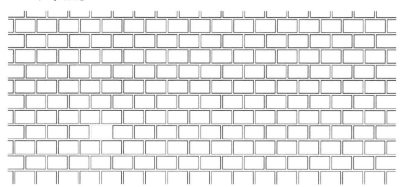

英式砌筑

荷兰式砌筑

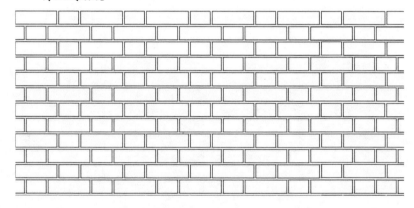

英国园墙式砌筑

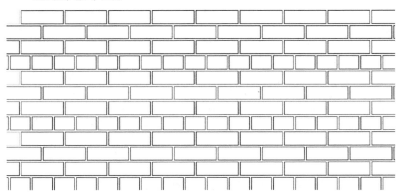

荷兰园墙式砌筑

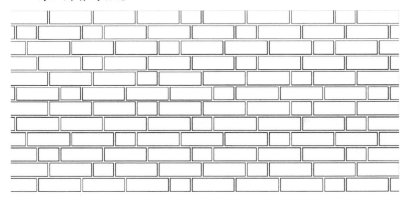

灰缝剖面

砂浆灰缝高效的排水性能对墙面长期保持令人满意的效果至关重要。持续浸透的砖块更容易受到霜冻破坏和硫酸盐侵蚀。因此灰缝剖面的选择应首先考虑性能标准，审美考虑则在其次。

圆凹缝	（铲把勾平）	
		一种具有更柔和外观的高效灰缝
平缝	（耙子勾平）	
		一种常见的高效排水的剖面处理，但是会改变砖的整体颜色
斜缝	（防水接缝）	
		一种高效且有吸引力的灰缝，凹陷的剖面具有阴影效果，而且具有更好的耐候性

续表

方凹缝		
		一种只能用于受保护位置的具有吸引力的灰缝。不建议使用在独立的墙壁或任何暴露的场所。应将凹槽深度控制在实现所需外观的最小值，不能大于3~4mm。凹缝不能应用于可能发生浸透的位置

砌体尺寸

协调尺寸（CO）是指分配给砖砌体结构的协调空间的大小，包括灰缝和容差。

垂直砌体层数尺寸表，使用 65mm 砖和 10mm 灰缝。

砖层 + 灰缝	高度 mm
1	075
2	150
3	225
4	300
5	375
6	450
7	525
8	600
9	675
10	750

为了便于计算其他高度：高度 = 层数 × 75mm。

水平方向砌筑尺寸，使用215×102.5×65（mm）砖和10mm 灰缝

在设计阶段应尽可能提供砌筑的尺寸，以减少切割砖块的需求。下表给出了水平方向砌体尺寸，使用的是英国标准CO所规定的225×112.5×75（mm）尺寸砖材，灰缝10mm。

砖数		CO+ 灰缝	CO	CO 灰缝
	½	122.5	112.5	102.5
1		235	225	215
	1½	347.5	337.5	327.5
2		460	450	440
	2½	572.5	562.5	552.5
3		685	675	665
	3½	797.5	787.5	777.5
4		910	900	890
	4½	1022.5	1012.5	1002.5
5		1135	1125	1115
	5½	1247.5	1237.5	1227.5
6		1360	1350	1340
	6½	1472.5	1462.5	1452.5
7		1585	1575	1565
	7½	1697.5	1687.5	1677.5
8		1810	1800	1790
	8½	1922.5	1912.5	1902.5
9		2035	2025	2015
	9½	2147.5	2137.5	2127.5
10		2260	2250	2240

来源 / 版权：Ibstock Technical Information Sheet 9, January 2010

黏土砖

自 2006 年 4 月起，BS EN 771-1 是欧洲黏土砖或欧标黏土砌块的唯一规范标准。其中第 70 条（PAS 70）：高密度（HD）黏土砖是公认的规范。由 BSI 出版的《外观，标准场地尺寸和容差指南》，其内容涵盖了未被 BS EN 771-1 涵盖的美学内容，而这些内容是与性能直接相关。每种类型的砖材都有与其性能相关的不同属性和技术规格。

以下是根据标准 BS EN 771-1 列出的一些属性及其技术规范，可适用于挑选砖及相关操作。

- 分类：如 I 或 II；
- **砌块单元：** 低密度或高密度；
- 砖块尺寸：长 × 宽 × 高（mm）；
- 尺寸容差：容差类别（T1），容差范围，平直度，砖面平行度；
- 构造：如垂直穿孔；
- **抗压强度**（N/mm^2）；
- 尺寸稳定性：透水速率 mm/m；
- 粘接强度（与砂浆组合）：N/mm^2；
- **活性可溶性盐：** 如 S2；
- 火灾反应：如 A1（适用于预定用途）；
- 吸水率（重量百分比）；
- 透湿性；
- 密度容差：如 D1（声学分析）；
- 毛干密度（隔声）（kg/m^3）：1640（适用于预定用途）；
- 导热系数；
- **冻结/解冻耐性：** 如 F0，F1，F2。

其中一些突出显示的属性在下表进行详细描述。每项属性的分级应由制造商通过性能参考给出声明。

BS EN 771-1 将黏土砖砌体单元的密度规定为 LD 和 HD 两种。

48

密度	砌体组
LD	毛干密度低于或等于 1000 kg/m³ 的低密度黏土砌块，用作受保护的砖，如在内部或有抗渗覆盖层保护
HD	毛干密度高于 1000 kg/m³ 的高密度黏土砌块，用作受保护或不受保护的砖

BS EN 771-1 将黏土砌块的抗压强度定义为Ⅰ类和Ⅱ类。
抗压强度应由制造商以单位 N/mm² 声明和记录。

抗压强度	
Ⅰ类	无法达到已声明抗压强度的砌块不超过 5%
Ⅱ类	不能达到Ⅰ类要求的砌块

BS EN 771-1 将砌块分为三种抗冻等级，F0，F1 和 F2。抗冻 / 解冻性应由制造商参考轻度、中度和极端暴露情况下的性能给出声明。

抗冻 / 解冻性	耐久性
F0	适用于消极暴露环境。砖块易受冻结和解冻破坏。这种砖块只适用于内部或有防渗覆盖层保护的情况
F1	适合中度暴露环境使用。 除非在饱水情况下暴露于反复冷冻和解冻的环境中，其他情况下都很耐用
F2	适用于极端暴露的环境。即使暴露于反复冰冻和解冻的环境中也保持耐用

在 BS EN 771-1 中有三类可溶性盐含量。

活性可溶性盐含量	活性可溶性盐
S0 类	不受特定可溶性基团的任何限制，在完全防渗水保护的情况下使用
S1 类	对可溶性盐有限制的砖，如钠、镁和钾
S2 类	比 S1 类限制更加严格的砖块

来源 / 版权: BDA Design Note 7, Brickwork Durability, Brickwork Development Association, 2011

工程砖

工程砖未包含在 BS EN 771-1 标准内，但是在标准结尾的英国国家标准附件 771-1 中被提及。

在 BS EN 771-1 中工程砖被分为工程 A 类和工程 B 类。各类的性质如下：

		耐压强度 N/mm^2	吸水率 %	抗冻 / 解冻性 类别	活性可溶性盐 含量类别
BS EN771-1	工程 A 类	≥ 125	≤ 4.5	F2	S2
	工程 B 类	≥ 75	≤ 7	F2	S2

黏土工程砖必须防冻（归为 F2 类）。并且英国黏土工程砖必须达到 S2 类可溶性盐含量标准。在英国国家标准附录中，为强调其耐磨性，工程砖的静干密度也有限制标准。

来源 / 版权：BS EN771-1 and PAS 70 – Guide to the Standards, Ibstock Building Products Ltd, Technical Information Sheet, Issue 1, September 2007

耐用砖和砂浆的选择

砖块可能长时间保持浸透状态的区域包括独立的墙、挡土墙、窗台和盖顶，地面附近，低于防潮层（DPC）和地基的区域。这些都是易损位置，因此要特别注意砖和砂浆的选择。

应用	合适的砖类别	合适的砂浆强度等级 / 名称
种植箱 种植箱涂层深度范围内的内表面应防水，并配有排水	F2，S1 F2，S2	M12[1] (i) M12 (i)
地下或地上 150mm 内 外部地面附近的砖块容易受到霜冻和硫酸盐的损坏，特别是从地面以下一个砖层（75mm）到地上两个砖层（150mm）的范围。在这个区域内，砖块会变湿，并且长期保持这种状态。水的饱和度主要取决于建筑物所处的气候，土壤的特性和场地排水。应注意保证砖面和室外地坪之间有隔离保护层，以防止排水回流灌入砌体结构	浸透风险低 – 排水良好的场地 F1/F2，S1/S2 浸透风险高 – 排水状况差的场地 F1/F2，S1[4]/S2 浸透风险高—场地排水差且伴有霜冻 F2, S1[4]/S2	M12 (i), M6 (ii), M4[2] (iii) M12 (i), M6 (ii) M12 (i), M6 (ii)

续表

应用	合适的砖类别	合适的砂浆强度等级 / 名称
窗台、盖顶和挡土墙 特制的窗台和盖顶单元可能更好，但它们的特性并未包含在本表当中。对侧置砖和类似的顶部黏土砖的要求已经标明	标准形制的砖和特制的特殊形状砖 F2，S1/S2	M12 (i) 注：砂浆强度等级根据黏土砖防潮层中的相关规定，M12 应用作基层
混凝土挡土墙的面砖（详见注释 *）	低浸透风险 F1/ F2, S1 F1/F2, S2 高浸透风险 F2, S1 F2, S2	M12 (i), M6 (ii)[1] M12 (i), M6 (ii) M12 (i), M6[1] (ii) M12 (i), M6 (ii)
挡土墙（不包含盖顶） 除了严重的气候暴露，还有来自于地表的污染和地下水引起浸透的可能性，如果不受保护，这些墙特别容易受到霜冻和硫酸盐破坏。强烈建议这种挡土墙使用自流排水的材料回填以防水压积聚，并且在挡土表面做防水处理	防水保护面 高效盖顶 F1/F2, S1/S2 防水保护面 F2, S1 F2/S2 无防水面（如果省略可能导致斑渍） F2/S2 注释：可以使用黏土工程砖	M12 (i), M6 (ii) M12[1] (i) M12 (i) M12 (i)
独立墙壁（不包含盖顶） 独立墙壁可能遭受严重的暴露，无论气候条件如何，一个高效的盖顶将会保护墙体避免浸透的状况 注释：在暴雨多发区域，等级 M12 和 M6 的砂浆是首选，并且如果确定使用 M6 级砂浆和（F1/F2，S1）黏土砖，则应考虑使用硅酸盐水泥	使用高效盖顶 F1/F2, S1 F1/F2, S2 使用平盖顶 F2, S1 F2, S2	M12 (i), M6 (ii) M12 (i), M6 (ii), M4 (iii) M12 (i), M6[6](ii) M12 (i), M6 (ii)
抹灰的建筑物外墙（除了女儿墙和烟道，且不包括砖砌窗台和盖顶）	完全暴露 F1/F2, S1 F1/F2, S2	M12 (i), M6 (ii) M12 (i), M6(ii), M4 (iii)

续表

应用	合适的砖类别	合适的砂浆强度等级 / 名称
高于地面 1500mm 以上的未抹灰的建筑物外墙（除女儿墙和烟囱，且不包括砖砌窗台和盖顶）。 通过屋顶突出并结合包括滴水槽在内等其他突出的结构，墙面浸透的风险将大大降低。 然而，这些细部可能无法给一些暴露在特殊暴雨环境中的建筑物提供充足的保护。 忽略保护结构可能会因此导致霜冻损坏风险	低浸透风险。 受到突出的屋顶、窗台和设计用来为砖墙排水的盖顶的很好保护。 F1/F2, S1/S2 高浸透风险。 墙体保护不足，且被雨水径流浸透。 F2, S1 F2, S2	M12 (i), M6 (ii), M4 (iii) M12 (i), M6 (ii)[6] M12 (i), M6 (ii)

黏土砖防潮层	合适的砖类型	最大吸水率（按质量百分比计）	合适的砂浆强度等级 / 名称[1]
某些具有良好防冻性能的低吸水黏土砖可用于防潮层。这样的防潮层（DPC）可以阻止上渗的湿气，但不能阻止向下渗透的水。特别适用于防潮层（DPC）需要传递弯曲张力的位置，如独立墙壁和挡土墙。BS 743（15）给出了铺设砖防潮层的指导。目前 BS EN771-1（4）中指定了两类用于建筑物和外部工程的防潮层用砖。制造商对材料的吸水率进行申报，欧标 BS EN 771-1（4）中把各个国家的独立标准以附件形式列出，从而将数值与各种传统做法对应起来	建筑防潮层 DPC1 外部防潮层 DPC 1 DPC 2	4.5 4.5 7.0	M12 (i) M12 (i) M12 (i)

注释

- 建议使用抗硫酸盐的硅酸盐水泥；
- 严格监督配料对确保 M4 强度等级的砂浆中包含必需量的水泥至关重要；
- 如果砌体（至少 150mm）低于外部铺装地面，大多数 F1 类黏土砖都是适用的，但需寻求制造商建议；
- 如果 M6 级砂浆和 S1 类砖同时使用，砂浆中应使用耐硫酸盐硅酸盐水泥；
- 见 BS 4729（13）；
- M6 级砂浆推荐使用耐磨硅酸盐水泥。

* 在防潮层（DPC）上方且靠近地面的结构，在了解施工期间没有霜冻风险时，可使用 M2 强度等级的砂浆。

来源 / 版权：BDA Design Note7, Brickwork Durability, Brickwork Development Association, 2011

54

1.7 混凝土

混凝土是水泥、砂（细骨料）、小石块或砾石（粗骨料）和水的混合物。混凝土有很多用途，从地基到路面或高速路路基，因此，组合物的混合比例也有很多种。混凝土包含尺寸大于 5mm 的骨料。

混凝土的生产

现在大多数混凝土都是从预制混凝土厂订购，所以常用的混凝土都是特定的混合物。这些混凝土有质量保证，并且由预制混凝土厂提供。特定或设计的组合是从严格限制范围内挑选出来的，生产者必须持有现行合格产品的认证许可。在不能获得指定组成的混凝土时，也可以使用标准混合组成的混凝土。大多数应用情况下，都有相当于质量保证的设计组合的标准混合混凝土。

混凝土的选择

应根据英国标准规范来选择混凝土：

- BS 8500-1：2006 混凝土。BS EN 206-1 技术规定和分类指南英国补充标准；
- BS 8500-2：2006 混凝土。BS EN 206-1 混凝土组成材料规格英国补充标准；
- BS EN 206-1：2000 混凝土。规格、性能、生产和产品适应性。

典型应用	特定混合的混凝土	规定的标准混合混凝土	最低强度等级
需使用 DC-1 混凝土的非加固基础和相关工程			
常见目的的应用： 路缘，里壁，基础	GEN 0	ST1	C6/8
混凝土护层，基础，大体积混凝土，排水工程	GEN 1	ST2	C8/10

典型应用	特定混合的混凝土	规定的标准混合混凝土	最低强度等级
大体积混凝土，通用，质量可靠	GEN 2	ST3	C12/15
非加固基础，如车库地面	GEN 3	ST4	C16/20
需使用 DC-2 和 DC-3 混凝土的非加固基础和相关工程			
DC-2	FND 2	N/A	C25/30
DC-3	FND 3	N/A	C25/30
DC-4	FND 4	N/A	C25/30
钢筋混凝土			
	RC 20/25	N/A	C20/25
	RC 25/30	N/A	C25/30
	RC 28/35	N/A	C28/35
	RC 30/37	N/A	C30/37
	RC 32/40	N/A	C32/40
	RC 35/45	N/A	C35/40
	RC 40/50	N/A	C40/50
道路和人行道			
现场暴露的人行道和车道（无除冰）	GEN 4	ST 5	C20/25
现场暴露的人行道和小区车道，使用除冰盐	PAV 1	N/A	C25/30
现场严重暴露的人行道和车道，使用除冰盐	PAV 2	N/A	C28/35

现场混合混凝土

现场混合生产混凝土时，混合比例与标准规定的混合相同。

相当于	ST2	ST3	ST4	ST5
现场按体积混合				
水泥	4 份	3 份	3 份	3 份
潮湿的混凝土用砂	9 份	6 份	5 份	4 份
20mm 骨料	15 份	10 份	9 份	7 份

备注
- 现场混合的骨料粒径最大为 20mm，除非需要特殊的表面，20mm 骨料对所有现场和预制构件来说都是足够的。大体积混凝土通常含有 40mm 骨料；
- 除非已指明需要改变，使用中等可加工度（75mm 坍落度，湿润）混凝土；
- 40mm 骨料可用于大体积混凝土或大型基础。高性能（125mm 坍落度，湿润）混凝土可用于沟槽填充基础；
- 即使在偶尔受到除冰盐影响的区域，也建议使用特定的 PAV 1 混凝土；不适合现场混合生产；
- 被工业废物污染的土壤可能含酸，因此应使用耐酸混凝土。

定义
- DC——设计化学耐性等级，用来对混凝土耐化学侵蚀的性质进行分类；
- GEN—— 一种指定的混合，常用于住房和类似的应用；
- FND——用于指定基础应用中使用的一系列特定混凝土的名称；
- PAV——用于指定在铺路中使用的一系列特定混凝土的名称；
- RC——用于指定一系列用于钢筋混凝土和预应力混凝土的特定混凝土的名称。

环境和地面状况被定义为暴露等级。这些等级在 BS 8500 中列出。当需要选择合适强度的钢筋混凝土，或者处于近似环境时应考虑这些条件。

来源 / 版权：英国水泥协会

1.8 砂浆

砂浆是整个建筑行业使用的粘合和基床材料。砂浆可用于各种用途，包括铺砖、小部件的基床、用于某些类型的铺路路基、墙壁的初涂和抹灰墙面。

砂浆成分

砂浆由砂，粘合剂（水泥、石灰或水硬性石灰）和水组成。可以添加掺合料、添加剂或染料来增强性能特点或外观。砂浆是含有尺寸小于 5mm 骨料的水泥基材料。混凝土与砂浆相反，混凝土也是水泥基材料，但其含有尺寸大于 5mm 的骨料。

砂浆制作

砂浆可以是现场混合的或工厂生产的随时可用类型。送至现场的工厂生产的砂浆在各方面都随时可用，并且无需进一步混合，也无需添加更多成分。工厂预制的砂浆可以保证混合比例。对于规定的砂浆，制造商应标明所有按体积或质量混合的组分比例。除此之外，使用寿命、抗压强度以及相关的粘合强度、吸水率和密度都应由制造商标明。

砂浆的选择

应参照英国砌体使用规范 BS 5628 进行砂浆的选择。

常见的砂浆类型

石灰砂浆。石灰砂浆是将砂子、熟石灰和水混合而成的。1900 年前的大部分的砖石建筑都是使用石灰砂浆建造的。石灰砂浆是一种柔软、多孔、柔性且透气的材料。石灰砂浆有限的强度与传统砖石坚固、沉重、低应力的特点相兼容。

硅酸盐水泥砂浆。硅酸盐水泥砂浆通常指水泥砂浆，由硅酸盐水泥、砂和水混合而成。硅酸盐水泥砂浆是在 19 世纪为建造更薄，承受更多压力的砖砌建筑而开发出来的，能节省材料并且适应弯曲应力。硅酸盐水泥砂浆是一种质量稳定且性能可预测的材料。硅酸盐水泥砂浆开始取代石灰砂浆。硅酸盐水泥砂浆凝固迅速且坚固，但柔性较差。

术语

非水硬和水硬

主要区别在于这两种砂浆达到其最终强度的方式。在水泥中，术语"水硬"是指在水中硬化，因此水硬砂浆会结合水硬化。非水硬砂浆不会在水中硬化，而是通过脱水实现"变质"。

标准和指南

- BS 5628 通过每种类型的标准混合物的名称区别砂浆名称代码；
- BS EN 998-2 中，砂浆名称代码表示性能上的差异；
- BS EN 459-1 概述了建筑石灰的定义、规格、产品适应性和测试方法标准；

等效的普通砂浆混合物

BS 5628-3 指定的砂浆等级	水泥：砂（塑化）	加气硅酸盐水泥：砂	砌筑水泥：砂	水泥：石灰：砂	水硬石灰：砂	等效 BS EN998-2 砂浆等级（抗压强度 N/mm²）
(i)	1：3	1：3		1：¼：3		M12
(ii)	1：3～4	1：3～4	1：2½～3½	1：½：4～4½		M6
(iii)	1：5～6	1：5～6	1：4～5	1：1：5～6		M4
(iv)	1：7～8	1：7～8	1：5½～6½	1：2：8～9	1：2～3	M2

- (iii) 级砂浆被认定适用于大多数情况的通用型号；
- BS 5628-3 建议使用指定 (i) 级砂浆 1：¼：3（水泥：石灰：砂或相当物）应用于盖顶和覆盖层；
- 对低强度和高吸水率的砖，(ii) 级（1：½：4½）（水泥：石灰：砂）砂浆将更合适；
- 在潮湿环境下防潮层（DPC）及以下应考虑使用 (i) 级、高耐久砂浆；
- 用于人造石的砂浆混合物——通常使用 (iii) 级（1：1：6）（水泥：石灰：砂）；
- 高耐久砂浆用于天气恶劣的环境，(iii) 级；
- 应使用低渗砂浆来防止渗水，(iii) 级；

石砌体使用的砂浆类型取决于使用的石材类型和耐久性要求。通常防潮层（DPC）以上的外部石墙的要求是：

- 石材，人造石或燧石——(iv) 级；
- 砂岩或花岗石——(iii) 级；
- 非常致密的花岗石——(i) 级。

石材相对致密和坚硬，并且需要使用间隔紧密的变形接缝来降低产生不规则裂纹的风险。或者石块可以置于柔软的石灰砂浆中。

来源/版权：转载自 Mortars for Masonry: Guidance on Specification, Types, Production and Use（CS159）（2005）. Published by The Concrete Society and available to purchase from The Concrete Bookshop.www.Concretebookshop.com

石灰砂浆

性能	石灰砂浆的抗压强度不如普通的硅酸盐水泥砂浆，坚固程度也不如砖石。石灰砂浆较软，因此可以容纳运动并且不易开裂。当与旧砖或砖石一同使用时，这些特性是有利的，这些砖石比现代砖更软，容易受到较硬的砂浆破坏
石灰砂浆的种类	
高钙石灰砂浆（HCL）	传统的石灰砂浆。非水硬，被称为石灰腻子。石灰腻子是由一种高活性氧化钙"切碎"与水混合形成的一种石灰乳。这种操作容许沉降和成熟进而产生石灰腻子。然后将其与骨料（通常是砂）混合来生产适合用于勾缝和打底的砂浆。其他材料也被用作替代砂的骨料。传统的腻子使用马毛来增加强度。这种石灰砂浆也被称为非水硬石灰砂浆，通过与空气中的二氧化碳反应非常缓慢地凝固
天然水硬石灰（NHL）或水硬石灰砂浆（HL）	考虑到性能和生产，天然水硬石灰和水硬石灰可用作非水硬石灰和水泥砂浆的中间部分。它是通过添加如黏土或二氧化硅等杂质生产出的。石灰石中可能含有大量的水硬石灰。产物的属性意味着其与水结合就会硬化。根据 BS EN 459-1，NHL 有三种强度等级，抗压强度分别大于或等于2，3.5 和 5（N/mm^2）
BS EN 459-1 等级：	等效砂浆等级：
NHL2	弱水硬性石灰
NHL3.5	中等水硬性石灰
NHL5	强水硬性石灰
水泥石灰砂浆	是由水泥、石灰和砂混合形成的混合砂浆。由于水泥含量低，这些砂浆的耐久性通常比较差。一些精心设计的传统石灰砂浆（HCL）或天然水硬石灰砂浆（NHL）相比这种砂浆具有更高的耐久性

典型水硬石灰砂浆混合比例

砂浆等级	石灰：砂	等效于 BS EN 459-1 规定的天然水硬石灰等级	BS 5628 规定的砂浆混合物耐久度	等效于 BS EN998-2 规定的砂浆耐久等级	典型抗压性能（N/mm^2 @ 91 天）
弱水硬性石灰	1：2¾	HLM1	(v) 28 天 (iv)91 天	3~4	1
中等水硬性石灰	1：2¼	NHL2.5	(iv) 28 天 (iii)91 天	5~6	2.5

续表

砂浆等级	石灰：砂	等效于 BS EN 459–1 规定的天然水硬石灰等级	BS 5628 规定的砂浆混合物耐久度	等效于 BS EN998–2 规定的砂浆耐久等级	典型抗压性能（ N/mm^2 @ 91 天）
强水硬性石灰	1：2	HLM5	(iii)28 天 (ii)91 天	7~8	5.0

来源 / 版权：Lime Technology Ltd., www.limetechnology.co.uk

1.9 防潮层（DPC）

用途	防潮层是与砖或砖墙同宽的一条不透水材料，以防止潮湿。历史上，防潮层也是由不透水的砖或石板制成的。防潮层需作为屏障，阻挡水汽或水向上、下或水平方向的扩散。在地面以上墙壁基础与地面接触的位置，DPC 必须形成一个连续的水平防潮层。在墙壁的厚度和长度方向上，DPC 应该是连续的，并且夹在砂浆中。DPC 必须在任何外部表面外突出 5mm，并且不能被砂浆、勾缝材料和抹灰灰料覆盖

地上防水层备注

高级 DPCs	与砂浆结合应能够提供高粘结力并且柔软有弹性。沥青聚合物或相同的材料是最好的选择。也可使用板岩或瓷砖。应在盖顶或桩帽连接处的下方铺设连续的 DPC 片，以防连接处失效时水向下渗入墙体。DPC 通常会随盖顶放置在其下方。在有盖顶的情况下，为了在 DPC 上方承受更多重量，通常在 DPC 下方再铺设一层或多层 DPC。使用经过特别设计与砂浆结合有良好粘结力的 DPC，可最大程度地降低更换盖顶或桩帽的风险。如果盖顶是无缝的，则 DPC 可以省略。如果 DPC 无法在连接处提供粘合力，则不应使用 DPC
低级 DPCs	至少应在距地面 150mm 处使用。 DPC 砖广泛应用于独立墙壁和挡土墙等 DPC 需要抵抗张力和剪切力的情况。尽管这些墙体不会因为上渗的湿气而达到浸透，但 DPC 确实形成了阻挡地下的可溶性盐和地下水的屏障。DPC 需要靠近墙的基础来防止上升的湿气。在建筑物中，DPC 通常是柔性材料，尽管也可以使用瓷砖或防水砖。防潮黏土砖分为 DPC1 和 DPC2 两个等级，其最大吸水率分别为重量的 4.5% 和 7.0%。DPC1 砖被推荐用于建筑物，而所有 DPC 砖都可适用于外部工程。如果墙体接近地面的部分是防冻砖或防水材料建造的，则可能不需要使用 DPC。除非在结构设计中适用，否则不应使用低级 DPC

挑选 DPC 材料时需要考虑的四项原则

抗压力	材料应承受受到的任何压缩应力（直接加载），剪切应力（滑动倾向）或弯曲强度（倾倒倾向）
耐久度	耐久度应达到建筑寿命
柔韧性	如果为了被场地容纳，DPC 中存在许多方向和层次的变化，那么容易塑形的材料可能更为合适
兼容性	材料可能需要防腐蚀

备注

在夹芯墙中，防潮层的外边缘比内边缘低两层砖，以防止暴雨浸入，并且两条边缘都处理成平缝。

适合用作 DPC 的各种材料的物理特性和性能

材料 / 安装	最小质量 / 厚度	耐久性 / 备注
柔性防潮层		
薄铅板 在活动连接处和相交处至少铺设 100mm 宽或达到 DPC 的宽度	19.5kg/m² 1.8mm	可能会因为沉降而变形，但不会损坏。为了避免与新鲜石灰或水泥砂浆接触而造成的腐蚀，在表面的两侧和产生腐蚀的面上涂上沥青。昂贵的材料。可加工成特别形状的可延展性材料
薄铜板 （C104 或 C106） 铺设在均匀的砂浆基床上，并且在活动连接处和相交处至少铺设 100mm 宽或达到 DPC 的宽度	2.28kg/m² 0.25mm	可能会因为沉降而变形，但不会损坏。形成的氧化物可能会污染表面。高度耐腐蚀。如果存在可溶性盐，则依照保护铅的方式进行保护。材料昂贵且不易加工
沥青 – 麻布基 铺设在均匀的砂浆基床上，并且在活动连接处和相交处至少铺设 100mm 宽或达到 DPC 的宽度。使用冷用屋面油毡密封	3.8kg/m² –	经济、耐用、灵活且方便。相当灵活，可承受墙体中等程度沉降不受损坏。麻布或纤维可能会腐烂，但如果沥青不受影响，性能就不会受到影响。如果结构寿命长或有移动的风险，沥青 / 金属片复合材料是最好的选择。请参阅制造商的安装说明并参阅英国标准
沥青 – 纤维基 安装方法如上	3.3kg/m² –	比麻布便宜但耐久度较差。特别是在炎热的天气下，沥青毡防潮层容易被压力少量挤出，但挤出的量通常不足以损害其性能和耐久性。沥青毡防潮层在阻止位移方面相对无力，因为其提供了一个滑动平面，墙壁可在该平面上相对容易地滑动

材料 / 安装	最小质量 / 厚度	耐久性 / 备注
沥青 / 金属片复合材料 – 麻布基和铅 安装方法如上，使用焊接节点连接	4.4kg/m² –	产生深灰缝
沥青 / 金属片复合材料 – 纤维基和铅 安装方法如上	4.4kg/m² –	产生深灰缝
聚合物基片材：天然沥青聚合物和人造沥青聚合物 根据制造商的建议，应铺设在洁净的砂浆基床上，并用粘接剂密封	1.5kg/m² 1.1mm	可承受相当大程度的横向移动。 在需要开孔槽处应使用预制的遮蔽物。 更高性能的防潮层通常由人造沥青和聚合物混合制成，并且具有良好的抗挤压性能。 安装过程中容易受到尖锐颗粒损坏。 产生薄灰缝
聚乙烯 – 低密度聚乙烯 根据制造商的建议，应铺设在洁净的砂浆基床上，边缘密封至少 100mm, 在接合处使用合适的合缝带	0.5kg/m² 0.46mm	对住宅类工程来说是经济的防潮层。 与其他建筑材料兼容。 可能因为沉降变形，但不会受损。 单独的片材剪固结力很低。砂浆粘附的压花产品可提升抗剪切和弯曲褶皱的能力。 甚至在低温下都能保持柔韧性。 安全并且可清洁处理。 适用于所有英国施工的水平和垂直应用。难以用作孔槽。 安装是易受尖锐的颗粒损坏。 产生薄灰缝
半刚性防潮层		
沥青砂胶 在涂层内导热。底层基面的做法是在施工后立刻向沥青中加入 35% 的粗砂，并且在冷却前保持表面光滑	– 12mm	不会劣化。 铺设在完全支撑的刚性基材上。 墙体的中度沉降可能会破坏密封。 比较贵。 产生深灰缝
刚性防潮层		
板岩 铺设两层，使用砂浆接缝	– 2层	不会劣化。 昂贵的材料。 墙体沉降时会发生断裂。 产生深灰缝

材料 / 安装	最小质量 / 厚度	耐久性 / 备注
DPC 砖 可使用适用于 DPC 的砖块，至少铺设粘结的两层，并且使用强度等级 M12/（i）类砂浆连接。 铺设时错开接缝	– 2 层 DPC 1 或 DPC 2	特别适合用作独立墙体的防水层。在压力下无法防水

标准和指导

- BS 743：1970. 防潮层材料规范（部分暂停应用）；
- BS EN 772-11：2011. 砌体单元的测试方法；
- BS 8215-1991. 砌筑工程中防潮层设计和安装规范；
- BS 6398-1983. 砌体结构中沥青防潮层的相关规范。

影响材料选择的结构性因素

材料	抗压能力：可承受：○ 不能承受：×					
	耐压强度 – N/mm²（负载）				剪应力	弯曲应力
	高 >2.5 （高于 10层的墙）	中等 0.5~2.5 （4~10层的墙）	低 0.1~0.5 （低于 4层的墙）	最低 <0.1 （盖顶，女儿墙等）		
薄铅板	×	○	○	○	×	○
薄铜板（C 104 或 C 106）	○	○	○	○	×	
沥青 – 麻布基	×	×	○	○	×	×
沥青 – 纤维基	×	×	○	○	×	×
沥青 – 麻布基和铅	×	×	○	○	×	×
沥青 – 纤维基和铅	×	×	○	○	×	×
聚乙烯 – 低密度聚乙烯	○	○	○	×	×	×

续表

材料	抗压能力：可承受：○ 不能承受：×					
	耐压强度 – N/mm² (负载)				剪应力	弯曲应力
	高 >2.5 (高于 10 层的墙)	中等 0.5~2.5 (4~10 层的墙)	低 0.1~0.5 (低于 4 层的墙)	最低 <0.1 (盖顶，女 儿墙等)		
天然沥青聚合物和 人造沥青聚合物	○	○	○	○	○	○
沥青砂胶	×	○ (最高 0.65)	○	○	○	○
板岩	○	○	○	○	○	○
DPC 砖	○	○	○	○	○	○

1.10 防潮膜

防潮膜应阻止水分渗透，无论是由毛细管作用引起的液体还是蒸汽形式的水，并且在施建过程中要注意强度以避免损坏可能。防潮膜可用于防水墙背面，可防止保留物质（土、混凝土等）中的可溶性盐在水冲洗过程中到达砖体表面并沉积为渗斑。

常见的防潮膜类型

薄膜可以是：聚乙烯、沥青毡、铜片。它们在挡土墙靠近土的一面很好用。可以固定在木条上然后固定在墙上，来形成一个防渗层和一个气隙。

液体形式可以是：通过刷涂或喷涂相应的材料。以沥青或焦油涂料的形式，通常是相当浓的液体。通常喷刷在表面一到两层，然后渗透到一定的深度，或直接附着在光滑的表面来形成防水层。

1.11 照明设备

设计师可选择的光源

光线类型	开尔文色温（K）3000——暖光 4000——冷光	瓦数（W）	显色性（Ra）	发光效率（lm/W）	灯泡寿命（h）100h/lm	应用	优点/缺点
典型日光	5500~6000 白色日光	-	-		-	-	
黎明	3000——暖光	-	-		-	-	
白炽灯——电流通过钨丝，变成白热并产生光	3000——暖光	5~100	100	10~20	1~2000（1年）	住宅庭院/室内	操作费用高，效率低，寿命短
卤素灯——填充卤素气体的白炽灯泡	3000——暖光	200~500	100	25	2000（>1年）	花园，公园，广场	比白炽灯效率高25%，寿命延长25%
荧光灯——电流通过一个充满气体的管子	3200——暖光 4200——白光 5000——白色日光 6500——日光	6~110	60~88	40~80	8~15000（3年）	标牌	不广泛应用于户外，显色性好
金属卤化物灯——电流通过气体	3000——暖光 6500——白光	70~150 70~3500 70~400 1000/2000	60~85	70~100	9~12000（3~4年）	体育馆泛光照明	在冷光，中等光和暖光表现都有良好的自然色彩呈现。灯的颜色在整个使用寿命过程中不稳定。效率较低，寿命较短。维护和安装费用昂贵

续表

光线类型	开尔文色温（K）3000——暖光 4000——冷光	瓦数（W）	显色性（Ra）	发光效率（lm/W）	灯泡寿命（h）100h/lm	应用	优点/缺点
带陶瓷燃烧器的金属卤化物灯	3000~4200	35~250 70~150	81~92	>90	9000（3年）	住宅街道和城市中心	在使用寿命内保持稳定的模拟自然光彩的白光，紧凑型灯具可减少光线溢出。灯泡寿命较短，保持光通量能力较差，成本较高
钠灯——含钠气体放电灯，有两种类型：高压钠灯（HPS），含汞，低压钠氧化物灯（SOX）	橘色光	50-1000 150-400 70-400 35-100	20~65	100~50	20000（6年）	街道和停车场	显色性不佳，但适用于需要暖色光的场所，非常高效，寿命长，且增加了耐振动性。输出光量不会随使用时间降低
白灯——白光钠灯	暖白光	最大100	85	48	4800（2年）	住宅街道和停车车场	显色性比普通的钠灯好，但效率和使用寿命降低。由于输出功率大，需求量较少
发光二极管（LEDs）——发光的固态半导体器件				30	50-60000	城市特色照明	高效率/每瓦特输出。无法产生点光源，一个变色LED可以产生色谱上的许多种颜色的光。发热量很高
光导纤维	昂贵且不高效。未来LED会将其取代。目前用于物体的特色照明，在水中表现也很好。可导光，但经过一定距离后会失去效率，因此需要一个发射机。如果停止发光，最大光导长度为20m，如果侧面发光，距离则会稍长						

显色性

上表中所示的每种灯有不同的显色性：与理想或自然光源相比，给定光源的特性，影响特定颜色在眼中的表现。

例如：
- 白炽灯、荧光灯和金属卤化物灯都具有出色的显色性；
- 高压钠灯的显色性较差，物体呈黄色或橙色。

灯的显色性通过显色指数（Ra）测量。数字越小显色性越差。最大值 100 表示优秀的显色性

灯饰配件：防护等级（EN 60529）

保护等级是使用 IP 分类标识的，IP 等级在产品参数后指明：
- 第一个数字表示保护灯不受渗透的尘埃/灰尘影响，并且保护人们不接触移动部件；
- 第二个数字表示保护灯具不受潮气/水的影响

注：在确定之前请咨询制造商，因为某些 IP 等级仅适用于配件朝向某一方向的情况，如朝向下方的玻璃，如果采用另一种朝向，则配件无法受到保护

	固体防护度		液体渗透防护度	应用
0	无保护	0	无防护	仅适合室内使用
1	防止大于 50mm 的固体物指透过	1	防滴水	
2	防止长度不大于 80mm，直径不大于 12mm 的固体或手指透过	2	倾斜 15° 时能防止垂直滴水	
3	防止大于 2.5mm 的固体或工具/电线透过	3	防洒水	
4	防止大于 1mm 的固体物体透过	4	防泼水	IP 56
5	防止会干扰设备操作的灰尘透过	5	防从喷嘴喷出的水	
6	完全防止任何灰尘的透过 / 密封效果不是针对机械损坏、爆炸、冷冻、害虫等制定的。	6	防海浪或强大的水流	根据位置选适合外部使用
		7	防浸水（<1.0m）	
		8	完全防水，可持续浸入水中	

埋地配件：管线进水

水通常以冷凝水的形式存在，而不是从顶部渗透。冷凝是产品升温冷却过程中的毛细作用，经过电源线吸入水汽形成的。为避免这种情况，请选择特制线管嵌入式产品

续表

产品的抗震等级是使用 IK 分类来标识的，IK 等级在产品说明中指明

	代码	灯具高度（cm）	抗冲击强度——根据 CEI EN 50102 的抗冲击性 以焦耳为单位测量抗冲击／振动性能（点加载）	用途
灯具配件：抗振性 IK 等级	IK00	无保护		仅适合室内使用
	IK01	7.5	抗 0.15 焦耳冲击	
	IK02	10	抗 0.2 焦耳冲击	
	IK03	17.5	抗 0.5 焦耳冲击	
	IK04	25	抗 0.35 焦耳冲击	在有保护的情况下适合室外使用
	IK05	35	抗 0.7 焦耳冲击	
	IK06	20	抗 1 焦耳冲击	
	IK07	40	抗 2 焦耳冲击	
	IK08	30	抗 5 焦耳冲击	适用于地面照明设备
	IK09	20	抗 10 焦耳冲击	
	IK10	40	抗 20 焦耳冲击	

如果有车辆通过灯具表面，应选择能承受 0.5 吨（500kg）～5 吨（5000kg）压力的产品

灯具配件：接触面温度	最高 60~65℃

可采用的照明方式	当地主管部门采用的安装在公共场所的照明灯具需经当地照明部门批准。他们通常会有一个供应商或配件的标准清单，以便进行长期维护。备用件可由知名灯具制造商推荐，只要控制机构和灯具有相似的寿命和类似的输出功率，且与已经使用的灯具一样易于获取

续表

	色彩效果 照明中的一般原则是如果你想突出显示某种颜色，那么需要使用相同颜色的光： ●一座蓝色的桥可使用蓝光或冷光源来突出显示，如4000K； ●对叶子使用绿色灯或暖色滤光器或光谱热端的光，如3000K。
照明设计	**物体照明——使用多少光？** 这取决于要照亮的区域的量。可使用高（城镇中心）、中等或低（农村）亮度区域来描述。一般原则是，要使物体突出，它需要比环境水平亮一倍。 有细部的建筑物或物体可以通过更好的照明来产生深度，而不是在高亮度下水平铺展
光污染	对光污染［夜光、刺眼光（溢光）、眩光、光入侵和反射光］的限制开始出现在国家和国际标准中。［参考ILE（照明工程师协会，2000年）光污染指南］通过先进的光学系统、反光片、护罩、挡板和遮光栅格的使用，以及最大限度地增加灯具之间的距离来更好地控制光线
能源和维护	在照明设计方法和能源使用及维护方面有两个需要考虑的方面： **寿命周期成本：** ●设备成本； ●安装成本（包括电源）； ●年能源成本； ●年维护成本（清洁、更换灯泡）； ●产品寿命； ●更换成本和频率（灯管、配件、照明装置）和维修的方便程度。 **最大限度减少能源消耗** ●使用节能光源； ●使用高性能光学元件； ●优化方案设计； ●减少光浪费

续表

| 相关立法和行业准则 | **BS EN 60598：灯具**
该欧洲标准规定了机械及电气结构、分类和灯具制造的要求。该标准主要关注用于预定的安装位置灯具的制造安全，以确保灯具安全运行并为公众提供保护。

BS 5489-1：2003— 城市中心和公共设施区照明
部分英国标准涉及了城市中心和公共设施区的照明。它为城市照明的目标提供指导，并为保护区照明、安全性以及安全的视觉效果提供一般建议。

建筑服务工程师特别学会（灯具及照明协会）CIBSE（SLL）照明指南 6— 户外环境（1992）
关于户外照明的技术和美学方面的建议。

ILE（照明工程师协会）减少光污染指南，2005
提供可行与不可行方法的注意事项，以减少干扰光、向上光线、天空辉光和眩光。

ILE/CIBSE 环境照明 – 良好城市照明指南 |

来源 / 版权： iGuzzini Illuminazione UK Ltd, Urbis Lighting, Cameron McDougall

1.12 排水

为防止积水和可能发生的结冰，表面必须能够排水并保持干燥。这通常依赖于两个方向上的坡度（横向坡度或弧度，以及纵向坡度）。以下给出了不同材料所需的最小坡度。如果只有一个方向的坡度可供使用，则坡度不应小于各定的值。

表面坡度限制

材料	坡度
铺路石	1：70
砖块	1：50
现浇混凝土	1：48
沥青和含沥青表面	1：40~1：48
砂砾/碎石	1：30
花岗石石板	1：40
鹅卵石	1：40

铺砌路面坡度限制

每个地方道路管理局或干线道路管理局都对道路或人行道有最小坡度要求，以此作为可采用的标准。以下是一个例子：

坡度	道路	铺路面	人行道
纵坡	最大 1：20	符合 DDA 标准	符合 DDA 标准
横坡	通常为 1：40	最小 1：60	最大 1：30 最小 1：40

DDA 指反残疾人歧视法

续表

下表列出了不同宽度的车道（两侧有 2m 宽人行道）的排水渠间距。这些数据基于降雨强度 50mm/h，通道宽度为 600mm 的情况。

	坡度（长下坡）	1/150 0.66%	1/100 1.0%	1/80 1.25%	1/60 1.66%	1/40 2.5%	1/30 3.33%	1/20 5.0%
	车宽（m）	沟渠间距（m）						
横截面 拱形	5.5	30	35	40	45	55	60	75
	6.0	25	30	35	40	50	60	70
	7.3	20	25	30	35	40	45	55
横坡	5.5	15	17	20	22	27	30	37
	6.0	12	15	17	20	25	30	35
	7.3	10	12	15	17	20	22	27

车道排水渠间距

除去上述情况，排水沟应当终始放置在：
● 水流到达道路交叉口切线点之前的区域；
● 任何低洼的点；
● 必要时位于车辆减速设施处。
采用的道路及人行道的排水设计须经过当地道路管理局或干线道路管理部门批准。

铺路面排水渠

对大且形状不规则的区域，可使用每 200m² 汇水面积布置一条排水渠的经验公式。

在以下位置需要额外的沟渠：
● 坡度陡于 1：20；
● 坡度小于 1：150；
● 有可预期的从相邻区域流来的地表水。
应避免人行道沟渠，因为人行道可通过坡度将水排到相邻路面，或者使用平理路缘将水排进相邻的软质景观中

续表

排水管的尺寸和流量

最小流量的经验法则：
● 人行道排水：100mm 排水管 -1：40；
● 道路排水：150mm 排水管 -1：60；
● 道路排水：225mm 排水管 -1：90。

注：在地方当局许可排水渠时，所有工程须颁符合道路管理局或干线道路管理部门的设计标准

井盖的承载分级

FACTA 等级（*1）	BS EN 124 1994 等级	SMWL（*2）	GLVW（*3）	应用
A	A15	0.5 吨	1 吨	仅适合人行和骑行
AA	N/A	1.5 吨	5 吨	缓慢行驶的私家车
AAA	N/A	2.5 吨	10 吨	慢车 >10 吨 GLVW
B	B125	5.0 吨	38 吨	缓慢移动的 HGV
C	C250	6.5 吨	38 吨	所有类型快速移动的交通工具的行车道，但位于路边 0.5m 范围内
D	D400	11 吨，7.5 吨 叉车 卡车	38 吨	车道，硬质路肩和停车场区域，适用于所有类型的快速公路车辆
E	E600			有特殊应用的重型车辆，如跑道
F	F900			

（*1）FACTA-装配式井盖贸易协会
（*2）SMWL-缓慢移动时的车轮荷载
（*3）GLVW-车辆满载时重量

79

1.13　可持续城市排水系统——SUDS

啊……SUDS

什么是 SUDS?	可持续城市排水系统是常规排水的替代方法，可以复制自然排水并且处理产生的径流，从而减少地表排水对环境的影响，改善环境
使用 SUDS 的优点	● 减少污染聚集； ● 通过控制径流率 / 量减少洪水风险； ● 通过栖息地，生物多样性和便利设施改善环境； ● 通过简单的施工技术降低成本
景观项目中的 SUDS 技术	可以使用以下控制方法： ● 过滤带和洼地； ● 过滤排水和透水表面； ● 透水装置； ● 水塘，池塘和湿地。 其他包括（参见"SUDS 手册"CIRIA C697）： ● 预处理系统，绿色屋顶（参考 2.16），渗水坑

续表

景观项目中的 SUDS 技术 （接上表）	这些控制系统应当靠近径流源，以减少流量，防止侵蚀和洪水，最大限度地减少径流。每种控制方法也可以通过沉淀，过滤的自然过程对地表水提供不同程度的处理，吸收和生物降解。是否使用 SUDS 取决于土地是否可用，还有场地的性质，位置（位于农村还是城市）、具体用途和长期管理。为确保有效，SUDS 技术应当应用于从施工阶段到最终系统的各个阶段
过滤带和洼地	**形式 / 设计** ● 过滤带是制备均匀，轻度倾斜（2%~6%）的区域，通常 7.5~15m 宽，位于硬质地面和接受径流或收集 / 处理点之间； ● 洼地形成植被的线性通道，水被储存，过滤或以低速率流动。 **如何运作** 过滤带和洼地通过允许雨水成片流过植被区域，或在不渗透的凹陷区域内流动的方式复制自然排水模式，从而减缓流失和通过沉淀过滤固体污染物。 **用于何处** 它们在小型住宅、停车场、公共开放空间区域和道路两侧能有效代替常规沟渠和排水管道。引入野草 / 花卉品种增加了宜人性和生态价值。选择合适的物种对于保持一定的排水量是很重要的。 **维护** 最低——定期割草，清除垃圾，定期清除淤泥并且修复受侵蚀部分
过滤排水和透水表面	**是什么** ● 过滤排水是线性系统，将水从不透水的表面排出； ● 透水表面在降雨区域拦截并控制降下的雨水。 **形式 / 设计** 过滤排水和透水表面是允许地表水流过可渗透表面并储存在地下可渗透材料区域的设施。透水表面包括： ● 原生草坪或移植草坪； ● 碎石； ● 垂直孔填满土或碎石的地板； ● 铺路石之间的缝隙； ● 内部多微孔的铺路石； ● 自带孔隙的连续表面。 **如何运作** 雨水径流通过透水表面排入渗透材料，从而实现水的储存、处理和渗透。对该系统而言，表面和基底材料必须允许水通过。 储存的水量取决于规划范围，填充深度和填充比例。水可以通过渗透排出，暗渠排出或泵出。 **用于何处** 可用于停车场，住宅车道，小径和露台。目前不用于通行道路和人行道。 **维护** 表面需保持无淤泥，并且每年清洁两次，以保持空隙畅通和系统良好运行

透水装置	**是什么** 渗透装置将水直接排入地下。可在降雨的源头使用，或者径流可以通过管道或洼地输送到渗透区域。 **形式/设计** ● 渗透坑和入渗沟将水储存在填满粗碎石的地下空间内； ● 除了暴雨期间，渗透水塘和洼地可以储水但却保持地面干燥。 **如何运作** 渗透技术通过增强雨水渗入土壤的自然过程来处理地表径流。这个过程严重依赖于土壤的渗透性以及水位的位置。 通过过滤除去池地表径流中的固体杂质，或者通过渗透坑中的材料吸收微粒，或者通过土壤，填充物中的微生物的生物化学反应进行处理。 **用于何处** 渗透装置的尺寸各不相同，从服务单栋房屋的渗透池到收集整个开发项目雨水的水塘。它们可融入游乐场，娱乐区或公共休憩用地。水塘可以种植乔木和灌木，这也提高了它们的舒适度和生态价值。 **维护** 定期检查清除淤泥
水塘、池塘和湿地	**形式/设计** 水塘在多雨的天气里储存地表径流，但在干旱天气里呈无水状态。池塘和湿地被设计用来在雨天储存更多雨水，即使在干旱天气中依然含水。 这两个系统可混合使用。 **如何运作** 地表的水塘和池塘既可储存临时洪水，也具有可作为永久的湿地特征。它们通过静水沉降固体颗粒，水生植物或生物活性成分吸收颗粒来控制水量和质量。储水并缓慢放水以降低水的流速，或者允许水在某些区域渗入周边土壤以降低流速。 **用于何处** 水塘可融入运动休闲区和休憩空间。池塘可作为公共开放空间的一部分，改善栖息地和景观设施。 **维护** 水塘和池塘都需要进行维护检查。包括割草，每年清除水生植物和淤泥。 **水塘类型** 水塘类型包含： ● 河漫滩——在大多数时间保持干燥，但在强暴风雨后可以很容易地进行储水； ● 渗透水塘——植被洼地被设计用来储存径流并使其逐渐渗入地下； ● 蓄洪区——通过减少雨水径流实现流量控制的地表储水水塘。水塘通常是干燥的； ● 加长蓄洪区——储存雨水长达 24 小时。可缓冲水流和对水进行处理。在其他时间，场地将保持干燥

水塘、池塘和湿地 （接上表）	**池塘类型** 池塘设计中，水深随储水量增加而加深。池塘可减弱水流并且处理污染物。池塘类型包括： ● 平衡塘和衰减塘——只在洪峰过去之前储存径流，因此污染物处理能力很低； ● 蓄洪塘——只在洪峰过去之前储存径流，因此污染物处理能力很低； ● 泻湖——为水处理提供稳定的条件，但不提供生物处理； ● 贮水池——蓄水期长达三周。比加长蓄洪区提供程度更佳的处理； ● 沼泽地——有在水生植物中缓慢流动的静水。湿地可蓄水两周，在处理污染物方面比蓄水池效率更高。 水塘和池塘可以混合，包括野生动物湿地区域或径流处理区，以及平常干燥以缓冲洪水的区域。水塘和池塘往往处于地表水管理系统的末端，所以在以下地方使用： ● 源头无法完全控制； ● 需要延长对径流的处理； ● 野生动物或景观因素需求
其他系统	**生物滞留** 生物滞留区是浅层的，植被茂盛的景观种植区，通常是排干的，依靠工程化的土壤和增强的植被来消除污染并减少下游的径流。它们主要用来管理频繁的降雨。 **雨水收集** 屋顶和硬质表面的雨水可以储存在水箱中并重新使用。通过设计，这些系统也可用于减少小规模频繁降雨导致的径流的流速和流量

来源 / 版权：Martin, P, Turner, B, Waddington, K, Pratt, C, Campbell, N, Payne, J, Reed, B et al. (2000) *Sustainable Urban Drainage Systems-Design Manual for Scotland and Northern Ireland*, C521, CIRIA, London (ISBN: 978-0-86017-521-6). Go to: www.ciria.org

1.14   景观材料对环境的影响及其使用寿命

景观材料在可持续景观会议上的现身，引起了行业轰动

指南：规范绿色指南——英国建筑研究机构环境评估方法（BREEAM）的一部分。可在线访问：www.bre.co.uk

景观材料的下列对环境的影响排名基于规范绿色指南和材料规范。它涵盖六种通用类型的建筑，但每个类型中的景观材料要素保持不变。

环境排名基于生命周期研究法（LCA），使用 BRE 的环境概述方法。使用户能够根据13 个环境参数来评估其材料对环境的整体影响：

● 气候变化；水的获取；矿产资源开采；臭氧损耗；人体毒性；土地和水的生物毒性；核废料；废物处理；化石燃料消耗；富营养化；光化学臭氧生成；酸化。

数据排名从：

A+ ——环保性能最好 / 环境影响最小；

到

E——环境性能最差 / 环境影响最大。

此外，根据适当的维护和使用水平，提供有关估计寿命的资料（注：这些资料并非基于 BRE）：

高：40~60 年以上

中：20~40 年

低：0~20 年

续表

因素	BRE 环境影响等级	预计使用寿命（不基于 BRE）
硬质表面材料：承载车辆		
沥青（100mm）预制再生基层	A+	低
沥青（100mm）预制基层	B	低
中国进口花岗岩（100mm）水泥砂浆湿铺，预制再生基层	C	高
中国进口花岗岩（100mm）水泥砂浆湿铺，预制基层	E	高
印度进口砂岩（100mm）水泥砂浆湿铺，预制再生基层	D	高
印度进口砂岩（100mm）水泥砂浆湿铺，预制基层	E	高
再生石板（100mm）水泥砂浆湿铺，预制再生基层	B	高
再生石板（100mm）水泥砂浆湿铺，预制基层	C	高
英国砂岩石板（100mm）水泥砂浆湿铺，预制再生基层	C	高
英国砂岩石板（100mm）水泥砂浆湿铺，预制基层	D	高
黏土铺路砖（50mm）预制基层	B	中
水泥铺路砖（80mm）预制再生基层	A	中
水泥铺路砖（80mm）预制基层	B	中
专用混凝土植草砖（120mm）预制基层（使用场地可用的合适材料）	A+	低
黏土铺路砖（50mm）预制再生基层	A	中
再生黏土铺路砖（50mm）预制再生基层	A+	中
再生黏土铺路砖（50mm）预制基层	A	中
钢筋混凝土原位铺设（200mm）预制再生基层	A	高
钢筋混凝土原位铺设（200mm）预制基层	B	高
步行区铺地		
铺路沥青（75mm）预制再生基层	A	低
铺路沥青（75mm）预制基层	B	低
黏土砖（50mm）水泥砂浆湿铺，预制再生基层	C	中

续表

因素	BRE 环境影响等级	预计使用寿命（不基于BRE）
黏土砖（50mm）水泥砂浆湿铺，预制基层	C	中
中国进口花岗石（100mm）水泥砂浆湿铺，无基层	E	高
印度进口裂面砂岩（29mm）水泥砂浆湿铺，无基层	B	中
回收石板（100mm）水泥砂浆湿铺，无基层	B	中
英国砂岩铺路板（29mm）水泥砂浆湿铺，无基层	A	中
湿铸仿砂岩（35mm）水泥砂浆湿铺，无基层	A	中
黏土铺路砖（50mm）无基层	A	中
铺路水泥板（35mm）无基层	A+	中
铺设在水泥基础上的预处理软木木材	B	低
专用混凝土植草砖（100mm）无基层	B	低
回收黏土砖（50mm）无基层	A+	中
钢筋混凝土原位铺设（100mm）预制再生基层	B	高
钢筋混凝土原位铺设（100mm）预制基层	C	高
分隔要素		
砖墙（半块砖厚）	B	高
砖墙（全块砖厚）	E	高
回收砖墙（半块砖厚）	A	高
回收砖墙（全块砖厚）	B	高
石材来自场地本身的石墙	A+	高
使用水泥或石灰砂浆的石墙	E	高
使用水泥或石灰砂浆的回收石墙	B	高
镀锌钢栏杆	B	中
镀锌钢栅栏	C	中
镀锌链接金属柱	A	低
镀锌钢丝网接金属柱	A	低
包塑链条和镀锌钢柱	A	低

因素	BRE 环境影响等级	预计使用寿命（不基于BRE）
镀锌钢柱和钢丝	A+	低
预处理木材封闭板	A+	中
预处理木桩和铁轨	A+	中
再生栅栏	A+	低
树篱 / 生态隔离墙	A+	高

来源 / 版权: granted by BRE for the use of the tables and associated *Green Guide to Specification* ratings (http://www.bre.co.uk/greenguide)

1.15 再生材料和产品

90

为什么使用再生产品?

为了帮助实现项目的可持续发展以及材料循环利用的目标。

一些可以回收利用并在景观应用中使用的材料：

- 玻璃；
- 塑料；
- 骨料；
- 木材；
- 粉煤灰；
- 高炉炉渣；
- 园林废弃物；
- 轮胎和橡胶；
- 纸；
- 聚苯乙烯；
- 土壤。

玻璃可用作上层敷料或者加入水泥或种植坑中。无论是以回收的玻璃片的形式还是完整的玻璃面，玻璃都可以作为装饰面材料为表面提供不同颜色的解决方案。

参考：Sureset 公司。

塑料和聚乙烯包括家具，门，围栏，土工织物和外部铺地。只要材料坚固且不腐烂就能够使用。

参考：Plaswood 公司，Mamax 产品公司，Netlon（一种强化草制产品）。

骨料可在水泥和混凝土中找到。骨料可用于铺设小径和公路，或者作为排水层。

参考：Colas 公司。

木材可用作木片或者作为农村游乐区，农村或家庭路面的表皮，如园林覆盖物，或用在木质铺面和栏杆上。

参考：Tracey 木材产品，Kindawood 公司。

粉煤灰和高炉炉渣可用于铺设小径和公路，制作砖块或水泥。

参考：Ibstock 制砖公司，Marshalls 公司，Cemex UK。

园林废弃物可根据 PAS100 制成肥料改良土壤，用于草坪追肥，种植和表土生产。

橡胶用于游戏场地的地面。

参考：Island 休闲产品，Playtop 公司。

焦油和沥青产品用作路面的一部分。

参考：柏油公司 "Toptreck"。

纸可以用作园林覆盖物。

聚苯乙烯可用于制作围栏和盖板。

参考：XPLX 公司。

中国黏土用作铺路的辅助材料。

参考：Formpave 公司，Charcon 公司。

泥土，例如来自制糖业的回收土壤。从附着于进口甜菜的土壤中发展而来，调理并储存以供重复使用。

参考：British Sugar.www.bstopsoil.co.uk

有关回收产品及其用途的更多信息，请参阅 WRAP（废物和资源行动计划）。

来源 / 版权：WRAP 'Guide to Recycled Content of Mainstream Construction Products'

1.16　典型小径做法

人行道铺面（石材或混凝土板）

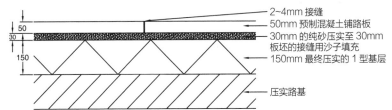

- 2~4mm 接缝
- 50mm 预制混凝土铺路板
- 30mm 的纯砂压实至 30mm 板坯的接缝用沙子填充
- 150mm 最终压实的 1 型基层
- 压实路基

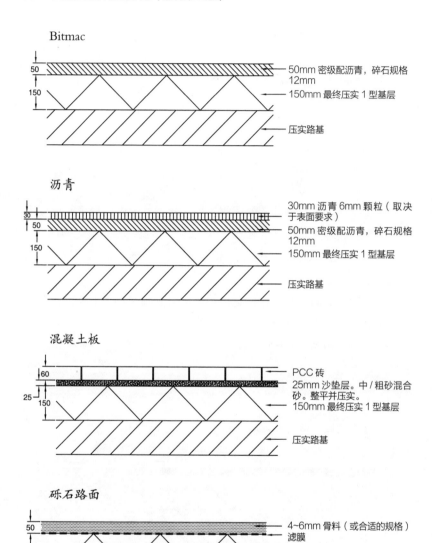

Bitmac

50mm 密级配沥青，碎石规格 12mm

150mm 最终压实 1 型基层

压实路基

沥青

30mm 沥青 6mm 颗粒（取决于表面要求）

50mm 密级配沥青，碎石规格 12mm

150mm 最终压实 1 型基层

压实路基

混凝土板

PCC 砖

25mm 沙垫层。中 / 粗砂混合砂。整平并压实。

150mm 最终压实 1 型基层

压实路基

砾石路面

4~6mm 骨料（或合适的规格）

滤膜

150mm 最终压实的 1 型基层

压实路基

石粉

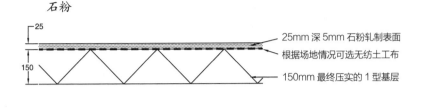

25mm 深 5mm 石粉轧制表面

根据场地情况可选无纺土工布

150mm 最终压实的 1 型基层

碎石

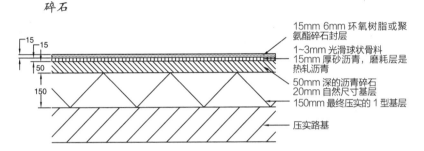

15mm 6mm 环氧树脂或聚氨酯碎石封层

1~3mm 光滑球状骨料

15mm 厚砂沥青，磨耗层是热轧沥青

50mm 深的沥青碎石

20mm 自然尺寸基层

150mm 最终压实的 1 型基层

压实路基

注意：这些仅是标准结构细节的示例。设计师应当根据场地情况，改变细节和尺寸来适应场地。

1.17 典型人行道边做法

镶边 PCC 砖

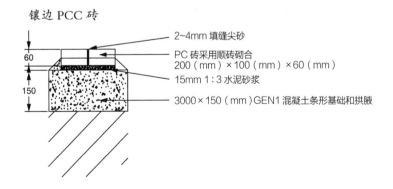

2~4mm 填缝尖砂

PC 砖采用顺砖砌合
200（mm）×100（mm）×60（mm）

15mm 1:3 水泥砂浆

3000×150（mm）GEN1 混凝土条形基础和拱腋

镶边木材

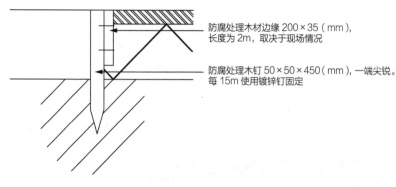

防腐处理木材边缘 200×35（mm），
长度为 2m，取决于现场情况

防腐处理木钉 50×50×450（mm），一端尖锐。
每 15m 使用镀锌钉固定

镶边混凝土平楔式路缘

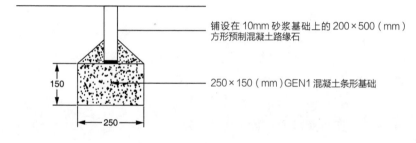

铺设在 10mm 砂浆基础上的 200×500（mm）
方形预制混凝土路缘石

250×150（mm）GEN1 混凝土条形基础

150

250

镶边直立楔式路缘

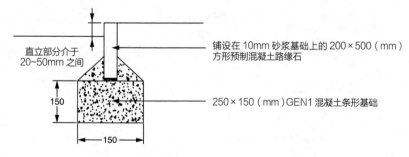

直立部分介于
20~50mm 之间

铺设在 10mm 砂浆基础上的 200×500（mm）
方形预制混凝土路缘石

250×150（mm）GEN1 混凝土条形基础

150

150

镶边 PPC 半倾斜路缘

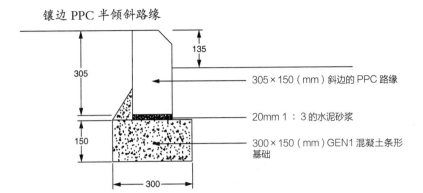

135

305

305×150（mm）斜边的 PPC 路缘

20mm 1：3 的水泥砂浆

150

300×150（mm）GEN1 混凝土条形基础

300

镶边石材路缘

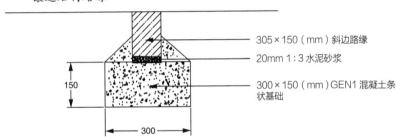

305×150（mm）斜边路缘

20mm 1：3 水泥砂浆

150

300×150（mm）GEN1 混凝土条状基础

300

注意：这些仅是标准结构细节的示例。设计师应当根据场地情况，改变细节和尺寸来适应场地。

1.18 典型围栏细部做法

布莱恩很快意识到他在栅栏工坊穿错了装备

木桩和铁丝网篱笆

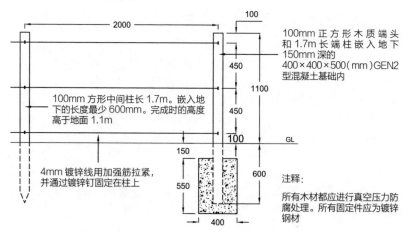

100mm 正方形木质端头和 1.7m 长端柱嵌入地下 150mm 深的 400×400×500(mm)GEN2 型混凝土基础内

100mm 方形中间柱长 1.7m。嵌入地下的长度最少 600mm。完成时的高度高于地面 1.1m

4mm 镀锌线用加强筋拉紧，并通过镀锌钉固定在柱上

注释：

所有木材都应进行真空压力防腐处理。所有固定件应为镀锌钢材

（尺寸标注：100、2000、450、1100、450、100、GL、150、550、600、400）

木桩和栅栏

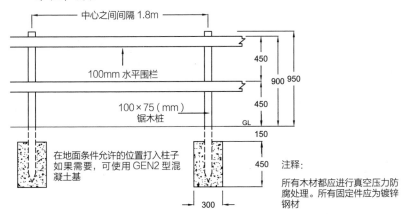

中心之间间隔 1.8m

100mm 水平围栏

100×75（mm）锯木桩

450
900 950
450
GL
150

在地面条件允许的位置打入柱子如果需要，可使用 GEN2 型混凝土基

300

450

注释：

所有木材都应进行真空压力防腐处理。所有固定件应为镀锌钢材

木制垂直面板栅栏

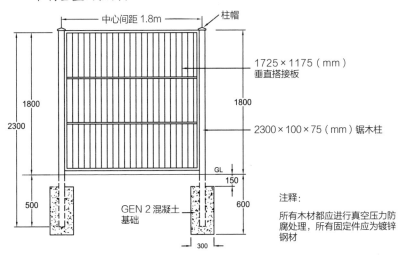

中心间距 1.8m

柱帽

1725×1175（mm）垂直搭接板

2300×100×75（mm）锯木柱

1800
2300
1800
GL
150
500
600

GEN 2 混凝土基础

300

注释：

所有木材都应进行真空压力防腐处理，所有固定件应为镀锌钢材

紧密排列的木板栅栏

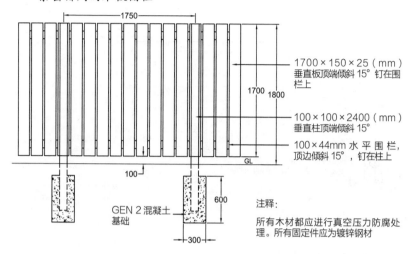

1700×150×25（mm）
垂直板顶端倾斜 15°钉在围栏上

100×100×2400（mm）
垂直柱顶端倾斜 15°

100×44mm 水平围栏，顶边倾斜 15°，钉在柱上

GEN 2 混凝土基础

注释：
所有木材都应进行真空压力防腐处理。所有固定件应为镀锌钢材

木制防兔围栏

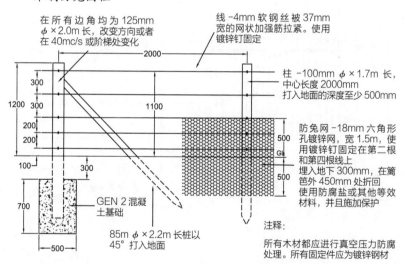

在所有边角均为 125mm ϕ×2.0m 长，改变方向或者在 40mc/s 或阶梯处变化

线 -4mm 软钢丝被 37mm 宽的网状加强筋拉紧。使用镀锌钉固定

柱 -100mm ϕ×1.7m 长，中心长度 2000mm
打入地面的深度至少 500mm

防兔网 -18mm 六角形孔镀锌网，宽 1.5m，使用镀锌钉固定在第二根和第四根线上
埋入地下 300mm，在篱笆外 450mm 处折回
使用防腐盐或其他等效材料，并且施加保护

GEN 2 混凝土基础

85m ϕ×2.2m 长桩以 45°打入地面

注释：
所有木材都应进行真空压力防腐处理。所有固定件应为镀锌钢材

木制防鹿围栏

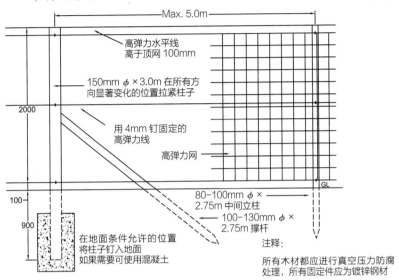

Max. 5.0m

高弹力水平线
高于顶网 100mm

150mm φ × 3.0m 在所有方
向显著变化的位置拉紧柱子

2000

用 4mm 钉固定的
高弹力线

高弹力网

GL

100

900

80-100mm φ ×
2.75m 中间立柱

100-130mm φ ×
2.75m 撑杆

在地面条件允许的位置
将柱子钉入地面
如果需要可使用混凝土

注释：

所有木材都应进行真空压力防腐
处理，所有固定件应为镀锌钢材

铁艺栅栏

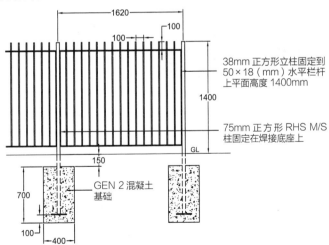

1620

100

100

1400

38mm 正方形立柱固定到
50 × 18（mm）水平栏杆
上平面高度 1400mm

75mm 正方形 RHS M/S
柱固定在焊接底座上

GL

150

GEN 2 混凝土
基础

700

100

400

铁艺栏杆

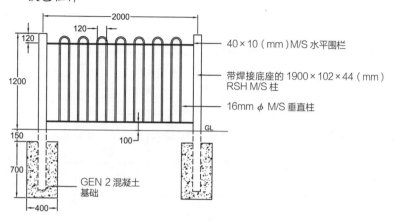

40×10（mm）M/S 水平围栏

带焊接底座的 1900×102×44（mm）
RSH M/S 柱

16mm φ M/S 垂直柱

GEN 2 混凝土
基础

金属焊网栅栏

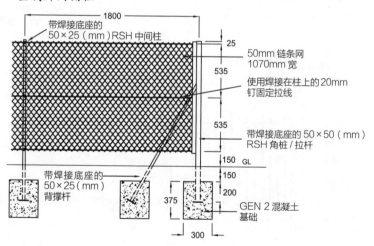

带焊接底座的
50×25（mm）RSH 中间柱

50mm 链条网
1070mm 宽

使用焊接在柱上的20mm
钉固定拉线

带焊接底座的 50×50（mm）
RSH 角桩／拉杆

带焊接底座的
50×25（mm）
背撑杆

GEN 2 混凝土
基础

金属防牲畜栅栏

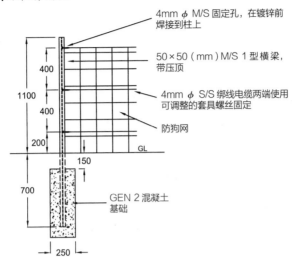

注意：这些仅是标准结构细节的示例。设计师应当根据场地情况，改变细节和尺寸来适应场地。

第 2 章　软质景观

2.1　乔木的定义和规范

帕姆为自己的"鞭子和羽毛"服装再次赢得奖杯而欣喜若狂。

英国植物规范（The National Plant Specification）对于确定景观行业优质苗木的选取和交付标准有很大帮助。定期更新的规范提供全面准确的信息，有助于制定严格的苗木计划。规范对于供货环节的监管，还可以确保植物供应的确切规格，且不同苗圃的苗木报价和质量一致。

苗圃和承包商认证计划有效补充了国家植物规范。认证计划规定了苗圃和承包商提供的工艺、运输和保存服务的质量，该计划的成员受到严格的监管和定期的独立审计。

下表列出了国家植物规范中规定的乔木的相关信息和规格要求。该表只显示部分类别。

——"啊，了不起的帕姆——我又看到了鞭子和羽毛！你还带来了家人？"
——"是的，这是我儿子瑟米·美彻和我超重的丈夫！"

名称	类型	树龄（年）	胸径（cm）	高度（cm）	分支点（cm）	根	种植容器	损伤数等
种类	幼苗	1+0 或 1/0		30~40		B		
	幼苗	1+0 或 1/0		40~60		B		
	移植	1+1 或 1/1		60~80		B		
	移植	1+1 或 1/1		80~100		B		
	移植	1+2 或 1/2		125~150		B		
	茎	2X		125~150		B		1
	羽毛	2X		175~200		B		5
	羽毛	2X		200~250		C	15	5
	标准轻	2X	6~8	250~300	150~175	B		3
	标准轻	2X	6~8	250~300	150~175	C	25	3
	标准	2X	8~10	250~300	175~200	B		3
	标准	2X	8~10	250~300	175~200	C	25	3
	标准精选	2X	10~12	300~350	175~200	RB		4
	标准精选	2X	10~12	300~350	175~200	C	25	4
	标准—重	3X	12~14	350~425	175~200	RB		5
	标准—重	3X	12~14	350~425	175~200	C	75	5
	标准—超重	3X	14~16	425~600	175~200	RB		

续表

名称	类型	树龄（年）	胸径（cm）	高度（cm）	分支点（cm）	根	种植容器	损伤数等
	标准—超重	3X	16~18	400~450	最小 200	RB	60	
	标准—超重	3X	18~20	450~500	最小 200	RB	70	
	标准—半成熟	4X	20~25	500~550	最小 200	RB	80	
	标准—半成熟	4X	25~30	最小 450	最小 200	RB	100	
	标准—半成熟	4X	30~35	600~650	最小 200	RB		
	多枝干	3X	200~250			RB		2 株
	多枝干	4X	250~300			RB		3 株

备注

名称——每棵树都应有其植物学名全称

树龄——按照惯例 "+" 或 "/" 是指移植；"U" 或 "=" 是指根切

根——RB 是指球根；B 是指裸根（套袋）；C 是指盆栽根；CE 是指通过细胞分化生长的根

种植容器——盆栽植物由 C 后面的数字来规范体积。例如：C5 就表示种植容器中可由细胞分化生长的植物的体积为 5cm^3。

损伤数等——规范中可能包含的植物损伤数 / 分支数 / 侧向生长数的最小值

其他细节及标准

来源 / 原产地，例如：英国原生树种，英国种源，当地种源

冠部 / 根部修整

外形，例如：藤状的、被修剪的、伞状的、簇状的、扇状的

来源 / 版权：园艺贸易协会

更多信息详见 www.gohelios.co.uk

2.2　灌木的定义和规范

英国植物规范由园艺贸易易协会编制。这对于确定景观行业优质苗木材料的选取和交付标准有巨大帮助。定期更新的规范提供全面准确的信息，有助于制定严格的苗木计划。规范对于供货环节的监管，还可以确保植物供应的确切规格以及不同苗圃提供类似的报价相同的质量。

苗圃和承包商认证计划有效补充了国家植物规范。认证计划规定了苗圃和承包商提供的工艺，运输和保存服务的质量，该计划的成员受到严格的监管和定期的独立审计。下表列出了国家植物规范中灌木的相关信息和规格要求。该表只显示部分类别。

苗龄，状态，移植	高度／冠幅（cm） 厘米 （D）直径	根的状态 B＝套袋 Ce＝细胞生长 RB＝球根 C＝容器	种植容器规格 最小升数	习性	最小损伤数／分枝数	备注
1+0 或 1/0	10~15, 15~20, 20~25, 25~30, 30~40, 40~50, 50~60, 60~80	B				
1+0 或 1/0	15~30, 10~20, 20~40,40~60, 60~90	Ce	50,100,150 或 200cc			
0/1	40~50, 60~80, 80~100, 100~125	B				

续表

苗龄，状态，移植	高度/冠幅（cm）	根的状态	种植容器规格	习性	最小损伤数/分枝数	备注
0/2	60~80, 80~100, 100~125, 125~150	B				
1+1 或 1/1	30~40, 40~50, 60~80, 80~100, 100~125	B 或 C	1,2, 或 5			
1u1	25~30, 30~40, 40~50, 50~60, 60~80, 80~100	B				
	20~30, 30~40, 40~50, 60~80, 80~100, 100+	B			3,4 或 5	紧凑，低矮，中等和有活力的物种
	15~30,30~50, 50~80	B				移植
	25~40,40~70, 70~90	B			2 或 3 据高度和冠幅而定	喜阳灌木
	10~15, 15~20, 20~25, 25~30, 30~40, 40~50, 50~60, 60~70, 70~80, 80~100, 100~125, 125~150, 150~175, 175~200, 200~225, 225~250, 超过250以50cm递增 超过400以100cm递增	RB		分枝；多叶	2, 3/4, 5/7, 8/12 据高度，苗龄和生长习性而定	低/紧凑物种 例如：栒子属 美丽栒子

续表

苗龄，状态，移植	高度/冠幅（cm）	根的状态	种植容器规格	习性	最小损伤数/分枝数	备注
	高度或冠幅（cm） 15~20, 20~30, 30~40, 40~60, 60~80, 80~100, 100~125, 125~150, 150~175, 175~200, 200~225, 225~250, 超过250以50cm递增 超过400以100cm递增	RB		分枝；多叶；主干与枝干；几个芽；独立主干	2, 3/4, 5/7, 8/12 据高度，苗龄和生长习性而定	中等品种，例如：小檗 黑松
	高度或冠幅（cm） 20~30, 30~40, 40~60, 60~100, 100~150, 150~200, 200~250, 250~300, 300~400, 超过400以100cm递增	RB		分枝；多叶；主干与枝干；几个芽；独立主干	2, 3/4, 5/7, 8/12 据高度，苗龄和生长习性而定	活力物种 例如：克鲁比亚栒子
	冠幅（cm） 10~15, 15~20, 20~(25), (25)~30, 30~40, 40~50, 50~60, 60~80	RB		分枝；多叶；几个芽	2, 3/4, 5/7, 8/12 据高度，苗龄和生长习性而定	地被物种 例：长柄矮生栒子

续表

苗龄、状态、移植	高度/冠幅（cm）	根的状态	种植容器规格	习性	最小损伤数/分枝数	备注
	高度或冠幅（cm） 10~15,15~20 20~25,25~30, 30~40,40~50, 50~60,60~70, 70~80,80~90 90~100~120			分枝；多叶；	4, 5/7, 8/12 据高度，苗龄和生长习性而定	低、中等、紧凑 和 例如：杜鹃
	高度或冠幅（cm） 30~40,40~50, 50~60,60~70, 70~80,80~90 90~100,100~120, 120~140,140~160, 160~180,180~200, 200~225,225~250, 250~275,275~300, 超过300以50cm递增	RB		分枝；多叶；	4, 5/7, 8/12 据高度，苗龄和生长习性而定	活力物种 例如：杜鹃
	冠幅（cm） 30~40,40~50, 50~60,60~70, 70~80,80~100 100~125,125~150, 150~175,175~200, 200~250,250~300	RB		分枝；多叶；	4, 5/7, 8/12 据高度，苗龄和生长习性而定	落叶杜鹃花

苗龄，状态，移植	高度/冠幅（cm）	根的状态	种植容器规格	习性	最小损伤数/分枝数	备注
	冠幅（cm） 15~20,20~25, 25~30,30~40, 40~50,50~60, 60~70,70~80, 80~90,90~100, 100~120,120~140	RB		分枝；多叶；	4, 5/7, 8/12 据高度，苗龄 和生长习性而 定	日本杜鹃
	高度（cm） 10~15,15~20, 20~30,30~40, 40~60,60~80, 60~80, 80~100	C	0.5,1,2,3,4, 5,7.5,10,15 或样本灌木所需 的更大规格	分枝；多叶； 主干与枝干，几 个芽；独立主干	分枝，芽数: 2-3; 茂盛度 3~6 据高度，苗龄 和生长习性而定	典型的种植箱 生长灌木的高 度限定
	胸径（cm） 10~15,15~20, 20~25,25~30,30~40	C	0.5,1,2,3,4, 5,7.5,10,15 或样本灌木所需 的更大规格	分枝；多叶； 几个芽	分枝，芽数: 2-3; 茂盛度 3~6 据高度，苗龄和 生长习性而定； 杜鹃 4-10	典型的种植箱 的冠幅限定

2.3　英国和爱尔兰的乡土树种

树的定义

树可以被定义为一个高大的、木本多年生植物，具有明显主干，可产生二次分枝。没有给定最小值，但通常都被认为是 6m 高。

下表列出的都是英国和爱尔兰的乡土树种。如果有必要的话，会进一步认定这些树种是原产于本土还是只是适合本土生长。例如：只产于英国南部或只产于爱尔兰。

本地树种被认为是在该地区存在的物种，并在一定时期内一直在该地区出现。而这段时期是可以公开讨论的，有些树种可能是杂交种，例如花楸和柳属。

英国和爱尔兰的乡土树种

树种	拉丁名	适宜土壤类型	本土位置	耐寒	高度	冠幅	习性/冠形	野生价值	特殊的花/果实	秋色叶
欧洲桤木	*Alnus glutinosa*	湿土/碱性	英国		10-12（25）m	8-12m	圆锥形，开敞冠顶	*	絮状花	
欧洲白蜡	*Fraxinus excelsior*	大多数土壤类型	英国	*	25-40m	20~30m	椭圆形，开敞冠顶		翅果	
欧洲山杨	*Populus tremula*	重土/酸性	英国西北部	*	10-20m	7-10m	开敞的，不对称的			*
欧洲山毛榉	*Fagus sylvatica*	干土/酸性	英国		25-30m	25~30m	宽而圆		坚果	
欧洲白色桦树	*Betula pubescens*	湿土	英国		10-12m	8-12m	圆形至椭圆形树冠			
银色桦树	*Betula pendula*	湿土/酸性	英国	*	18~25（30）m	7~12m	圆形顶冠开敞			*
刺李	*Prunus spinosa*	所有土壤类型	英国		1~3（5）m	3~5m	主枝直立		多花/浆果	
欧洲甜樱桃	*Prunus avium*	强酸性	英国北部		15~20m	10~15m	卵形，枝条轮生	*	多花/核果	*
稠李	*Prunus padus*	湿土	英国北部		6-10（15）m	4~8m	卵形至圆形，密树的	*	多花/核果	
欧洲苹果	*Malus sylvestris*	微湿/不潮	英国南部		最高10m	最高1m	低圆顶，不均匀	*	多花/梨果	
光榆	*Ulmus glabra*	重壤土	英国西北部	*	25~35m	20m	魁伟，圆形，开展	*		
英国山楂	*Crataegus monogyna*	不酸	英国		2~6（10）m	2~6（10）m	直立，圆冠		多花	
欧洲榛子	*Corylus avellana*	重壤土	英国		5~7m	5~7m	宽，直立		絮状花	
枸骨冬青	*Ilex aquifolium*	不潮	英国	*	3~6m（10m）	3~5m	圆锥形，金字塔形或卵形		浆果	*
欧洲鹅耳枥	*Carpinus betulus*	重壤土/碱性	英国南部		10~20m	7~12m	圆锥形，扭茎			
欧洲刺柏	*Juniperus communis*	干性轻质土/酸性	英国高地		5~8m	可变	浓生形，柱状		浆果	*
欧洲椴	*Tilia cordata*	重壤土/碱性	除苏格兰以外		18~25m	10~15m	魁伟，宽，圆锥形			*

续表

树种	拉丁名	适宜土壤类型	本土位置	耐寒	高度	冠幅	习性/冠形	野生价值	特殊的花/果实	秋色叶
栓皮槭	*Acer campestre*	重壤土/碱性	英国/苏格兰南部		5~15m	5~10m	近圆形			*
山楂金樱子	*Crataegus laevigata*	重壤土/碱性	英格兰南部		2~6(10)m	2~6(8)m	直立,密被分枝			
欧洲栎	*Quercus robur*	重壤土/碱性	英国	*	25~35m	15~20m	宽,高圆顶,开展	*	坚果	
橡木(无梗)	*Quercus petrea*	酸性	英格兰低地		20~30m	15~20m	宽,高圆顶	*	坚果	
梨(野生)	*Pyrus pyraste*	冲积土	英格兰低地		6~15m	5~10m	高,锥形		多花/果	
樟子松	*Pinus sylvestris*	干性/酸性	苏格兰	*	10~30m	7~10m	开展,圆锥形			
钻天杨	*Populus nigra*	冲积土	英格兰南部		20~25m	15~20m	不对称,非常开敞			
欧洲花楸	*Sorbus aucuparia*	轻质土/酸性	英国	*	10~15m	6~7m	对称的,圆锥形	*	多花,浆果	*
白花楸	*Sorbus aria*	干性/白垩土	英格兰南部		6~12m	4~7m	对称,锥形,圆形		多花,浆果	*
爆竹柳	*Salix fragilis*	湿土	英国南部	*	10~15m	8~12m	多硬,圆形	*		
黄花柳	*Salix caprea*	湿土	英国	*	6~15m	可变	浓密,开敞冠顶	*	絮状花	
柳(灰)	*Salix cineria*	湿土	英国	*	6~15m	可变	浓密,开敞冠顶	*		
柳(紫)	*Salix purpurea*	湿土	英国	*	0.5~5m	可变	浓密,开敞冠顶	*		
柳(白)	*Salix alba*	湿土	英国南部	*	15~20m	10~15m	高圆顶,开展	*		
欧洲红豆杉#	*Taxus baccat*	干性/碱性	英国南部		10~15m	8~12m	卵形,不对称			

#—常绿

2.4 英国和爱尔兰的乡土灌木

树种	拉丁名	适宜土壤类型	本土位置	耐寒	高度	野生价值	常绿	特殊的花 / 果实	秋色叶
欧鼠李	*Frangula alnus*	湿土，碱性	英国		4~5m				
欧洲越橘	*Vaccinium myrtillu*	酸性	英国	*	60cm	*	*	浆果	
香杨梅	*Myrica gale*	酸性 / 湿土	英国		1~2m			多花 / 果	
悬钩子	*Rubus fruticosa*	所有土壤类型	英国	*	1~5m	*	*	浆果	
金雀儿	*Cytisus scopariu*	干性 / 酸性	英国		1~2m			多花	
假叶树	*Ruscus aculeatus*	碱性	英格兰南部	*	0.5m	*	*	多花 / 浆果	*
狗牙蔷薇	*Rosa canin*	所有土壤类型	英国	*	1~2m	*	*	蔷果	
欧洲红瑞木	*Cornus sanguinea*	所有土壤类型	英国南部		2~5m	*			*
西洋接骨木	*Sambucus nigra*	所有土壤类型	英国	*	1~10m		*	浆果	
野蔷薇	*Rosa arvensis*	所有土壤类型	英国南部		2m		*	蔷果	
欧洲荆豆	*Ulex europeus*	所有土壤类型	英国	*	2.5m	*		多花	
欧洲荚蒾	*Viburnum opulu*	重壤土 / 湿土	英国南部		4m	*			*
帚石楠	*Calluna vulgaris*	酸性	英国	*	0.5m			多花	*
枞枝欧石楠	*Erica cinerea*	酸性 / 干性	英国	*	0.5m			多花	*

续表

树种	拉丁名	适宜土壤类型	本土位置	耐寒	高度	野生价值	常绿	特殊的花/果实	秋色叶
欧石楠	*Erica tetralix*	酸性/湿土	英国	*	0.5m			多花	*
金银花	*Lonicera periclymenum*	所有土壤类型	英国		6~15m	*	*	多花	
常春藤	*Hedera helix*	所有土壤类型	英国		6~15m				
卵叶女贞	*Ligustrum ovalifolium*	干土/碱性	英国		3~4m				
药用鼠李	*Hyppophae catharticus*	石灰土	英国南部		4~6m	*	*	浆果	
沙棘	*Hyppophae rhamnoides*	轻干土/酸性	英国海岸	*	3m				
葡萄叶铁线莲	*Clematis vitalba*	白垩土/石灰石	英国南部		6~15m				
浆果金丝桃	*Hypericum androsaemum*	所有土壤类型	英国西部		1m				
荚蒾樱丹	*Viburnum lantana*	石灰土	英国南部		2~6m	*	*	浆果	

参考文献: Planting Native Trees and Shrubs, Kenneth and Gillian Beckett, 1979, Jarrold Publishing

2.5　鼓励种植野生植物

蜜蜂喜爱的植物	**树种** 槭属欧洲栓皮槭 　梣叶槭 　挪威槭 　皇家红枫 'Royal Red' 　欧亚槭 七叶树属红花七叶树 'Briottii' 　欧洲七叶树 　长柄七叶树 　浙七叶树 臭椿属臭椿 赤杨属欧洲桤木（花粉） 　灰桤木（花粉） 桦木属多种（花粉） 锦鸡儿属树锦鸡儿 栗属欧洲栗 梓树属美国梓树 山楂属山楂海棠 水青冈属（花粉） 梣属欧洲白蜡树 栾树属 枫香树属北美枫香 鹅掌楸属北美鹅掌楸 **灌木** 七叶树属小花七叶树 杨梅属 小檗属达尔文小檗 　'irwinii' 　狭叶小檗 　日本小檗 　紫叶小檗 　金花小檗 醉鱼草属密蒙花 黄杨属 鼠李属 紫荆属南欧紫荆 木瓜属贴梗海棠 　岩蔷薇 鱼鳔槐属鱼鳔槐	苹果属多种 欧楂属欧楂 假山毛榉属南极假山毛榉 　（花粉） 杨属黑杨 樱桃属欧洲甜樱桃 　稠李 'Grandiflora' 　大山樱 　白妙樱花 'Shirotae' 　大叶早樱 　'Pendula Rubra' 　'Tai-Haku' 　'Ukon' 　'Umeniko' 　日本樱花 栎属多种 刺槐属刺槐 柳属白柳 花楸属白面子树 　欧洲花楸 　瑞典花楸 椴树属克里米亚椴树 风箱果属 委陵菜属 李属桂英 火棘属 鼠李属欧鼠李 盐肤木属 　酷栗属红醋栗 百合属 　柳属黄花柳 千里光属 'Sunshine' 茴芋属 绣线菊属 省沽油属 野珠兰属 丁香属

蜜蜂喜爱的植物 （接上表）	山茱萸属 枸子属 金雀花属 瑞香属欧亚瑞香 胡颓子属 鼠刺属 倒挂金钟属 金丝桃属浆果金丝桃 六道木属 冬青属 月桂属月桂 紫菀属 分药花属	柽柳属 pent. 'Pink Cascade' 荆豆属荆豆 荚蒾属欧洲荚蒾 锦带花属
蝴蝶喜爱的植物	**灌木** 醉鱼草属 薰衣草属 女贞属 鼠李属欧鼠李 丁香属	**多年生植物** 蓍属 紫菀属（紫菀） 缬草属 飞蓬属 雏菊属 蓝盆花属 景天属八宝景天 一枝黄花属
招鸟的浆果和水果 **高峰期是 9 月 /10 月**	**树种** 七叶树属欧洲七叶树 臭椿属臭椿 桤木属意大利桤木 唐棣属拉马克唐棣 栗属欧洲栗 梓属美国木豆树 山楂属山楂 '卡里埃'拉氏山楂 山楂海棠 皂荚属美国皂荚 胡桃属胡桃 栾树属栾树 野香海棠 欧楂属欧楂'枸杞子' 桑属黑桑 悬铃木属二球悬铃木（英桐） 枫杨属高加索枫杨	花楸属 　欧洲花楸 　裂叶欧洲花楸 　'红色贵族'花楸 　'Ghose' 　'Sheerwater Seedling' 　欧亚花楸 　克什米尔花楸 　哥伦比亚女王 　朝鲜花楸 　'Embley'（褪色） 　Essertauiana (conradinae) 　Matsumarana 　川滇花楸 花楸属 aria 　白背花楸 　'Magnifica' 　瑞典花楸 　'Leonard Sprenger' 　栎叶花楸 'Fastigiata'

续表

	灌木	
招鸟的浆果和水果（接上表）	唐棣属拉马克唐棣 杨梅属洋杨梅 熊果属熊果 桃叶珊瑚属日本桃叶珊瑚 小檗属品种 紫珠属紫珠 木瓜属 大青属海州常山 鱼鳔槐属鱼鳔槐 山茱萸属品种 榛属欧洲榛子 大果榛 枸子属大部分种类 高产浆果 瑞香属欧亚瑞香 猫儿屎属猫儿屎 毛果蓝莓 胡颓子属 卫矛属欧卫矛 'Intermedia' 'Red Cascade' 库页卫矛 江户卫矛 白珠树属白珠树 沙棘属沙棘 金丝桃属浆果金丝桃 冬青属 十大功劳属	木樨属桂花 野花生豆 枳属枸橘 火棘属 鼠李属欧鼠李 盐肤木属火炬树 茶藨子属香茶藨子 悬钩子属 'Betty Ashburner' 'Darts Ambassador' 假叶树属假叶树 接骨木属红色或黑色浆果成簇 茵芋属 female variety 山茶 'Foremanii' 月桂 省沽油属 雪莓属 荚蒾属川西荚蒾 马樱丹属 欧洲荚蒾 地中海荚蒾 'Fructo Luteo' 'Notcutt's Variety' 皱叶荚蒾 葡萄属 'Vine'

2.6 常见有毒植物

下表列出了一些常见有毒植物，但并非详尽无遗，风景园林师应该很谨慎地考虑此类植物的使用选择及种植区域。

对人类有毒

食用有毒	食用有害	皮肤过敏 / 有刺激性
杜鹃	黄水仙的鳞茎和叶子	菊属
瑞香浆果	卫矛属	黄水仙，鳞茎和叶子
毛地黄 / 洋地黄叶	臭菘	瑞香
大戟 / 狼毒大戟	黄精属	蓝蓟属 / 牛舌草
白珠树	鼠李属	大戟 / 狼毒大戟
七叶树果实	刺槐 'Frisia'	鸢尾属
鸢尾地下茎	红接骨木	羽扇豆
茉莉浆果	绵枣儿属	芸香
美国石南科	白浆果	
金链花种子	紫藤的豆荚	
月桂		
铃兰		
羽扇豆		
夹竹桃的叶和枝		
杜鹃花属		
盐肤木属		
茄属		
野生樱桃的树枝和树叶		
紫衫浆果		

对动物有毒

食用有毒	食用有害	皮肤过敏/刺激
苹果种子和苹果籽	景天	莱兰柏树
秋水仙	水仙花	羽扇豆
杜鹃花	瑞香	驴蹄草
洋槐	颠茄	槲寄生
黑胡桃	飞燕草	栎树
风铃草	接骨木	罂粟
酢浆草	常春藤	报春花
鼠李属	毛地黄	狗舌草
金凤花	冬青	红三叶
樱桃	忍冬	杜鹃花属
月桂樱	七叶树	千里光属
菊属	风信子	金丝桃
铁线莲	鸢尾	紫藤

园艺行业协会有一个潜在有害植物名单，并根据其危害程度分为了三类。

请参阅 HTA "潜在有害植物"，www.the-hta.co.uk

124

2.7　混播草种

草种应符合 BS3969 的要求，其来源必须经批准认证，并且符合饲料植物种子法规（2005）。风景园林师应检查草种的纯度、发芽率和杂草含量。

主要品种———一般特征

	速成性	耐磨损性	耐阴性	耐盐性	干土	湿土	肥力低	低割	碱性土	酸性土
紫羊茅										
细匍匐紫羊茅										
强匍匐紫羊茅										
蓝羊茅										
细弱剪股颖										
匍匐剪股颖										
草地早熟禾										
粗茎草甸草										
森林早熟禾										
黑麦草										
梯牧草										
洋狗尾草										

弱
良
优

常见草种

常见名	拉丁名
多年生黑麦草	*Lolium perenne*
强匍匐紫羊茅	*Festuca rubra rubra gunuina*
细匍匐紫羊茅	*Festuca rubra rubra litoralis*
匍匐剪股颖	*Agrostis stolonifera*
细弱剪股颖	*Agrostis tenuis*
紫羊茅	*Festuca rubra commutata*
蓝羊茅	*Festuca longifolia*
草地早熟禾	*Poa pratensis*

常见名	拉丁名
硬柄草甸草	*Poa rigida*
梯牧草	*Phleum pratense*
洋狗尾草	*Cynosurus cristatus*

125

专用草

运动场

耐踩踏的黑麦草打底

具根状茎的剪股颖和羊茅草填充

高尔夫球场

高尔夫果岭——需要细密的草。剪股颖优于羊茅草，因为剪股颖是优势种且四季常青。

高尔夫发球台和球道——坚硬耐磨的黑麦草贯穿，匍匐紫羊茅紧密填充。

干燥荫蔽处

剪股颖为最优选择

早熟禾适于种树下

不宜适于黑麦草或光滑的草坪草

可持续雨洪管理区和潮湿环境

禾草，梯牧草，鸭茅和大看麦娘耐洪涝且低维护。

草坪

纤细，低矮草坪——80% 羊茅草（细羊茅或紫羊茅）; 20% 剪股颖

路缘

平坦的草坪草及细羊茅都耐盐。

匍匐剪股颖只宜植于沙质土壤，黏土不宜。

低维护 / 耐磨损

黑麦草生长缓慢

改良混合种

这些应包括三叶草，它有助于营养的累积

耐干旱

细匍匐紫羊茅。品种'海伦娜'是耐干旱的品种之一。

播种方法

一般 $30\sim35g/m^2$。轻耙确保种子被土壤覆盖。需单向播种。

修建高度

黑麦草——不低于 6mm

剪股颖——可剪至 3mm

羊茅草——不低于 5mm

来源 / 版权：英国种子之家有限公司和里格泰勒有限公司

参考种植者对特定条件的最新种植搭配。

更多关于种子质量的信息可以在英国标准中找到。

2.8 混播野花

种子

成功的关键

- 检查土壤类型（多年生混合种在贫瘠土壤中可生长得更好，一年生植物宜在肥沃的土壤中生存）；
- 正确的混种与播种；
- 后续维护（修剪状况）。

混合种通常含有：

- 80% 保育种——非竞争混合草种开放生长；
- 20% 主要种——野花。

播种量

- $4g/m^2$ 非竞争草种；
- $2g/m^2$ 野花种。

播种时间

- 5 月 ~9 月（极端炎热及干燥天气除外）。

草块

类型——通常在草盘中。如下所示：

草块 / 托盘草的数量	草块的体积（约数）
400~600	< 5ml
200~400	< 5~15ml
100~200	< 14~40ml
50~100	< 40~50ml

草块 / 托盘草的数量	草块的体积（约数）
30~50	> 50ml

种植密度：6~15 株 /m^2

草盆

种植季节：3 月 ~4 月，8 月 ~9 月；

种植：需用小铲子挖一个坑。

混合

供应商可提供的草 / 野花草地的混合类型：

- 特定用途，如：绿化屋顶，吸引蜜蜂；
- 特定场所，如：绿篱，沿海，池塘边，湿草甸；
- 特定土壤类型，如：黏土，壤土，沙土，白垩土；
- 特殊综合地理位置混合类型。

维护

有助于幼苗生长并能保持平衡稳定的维护方法：

第一剪——如果在 3 月下旬或 4 月上旬草坪高度超过 10cm，则要修剪掉 40~70mm；

第二剪——如果在 4 月 /5 月底再生长超过 10cm，则要进行第二次修剪。

土壤越肥沃，需要修剪的越多。

	不包括一年生		包括一年生	
	秋季建植	春季建植	秋季建植	春季建植
第一年	**第一剪** 修剪至 4~7cm **第二剪** 5 月上旬，修剪至 4~7cm **第三剪** 9 月，修剪至 4cm 在冬季保持整洁，移除所有修剪下的部分	**第一剪** 播种约 6 周后，修剪至 4~7cm **第二剪** 5 月，当高度超过 10cm 时修剪至 4~7cm **第三剪** 9 月 /10 月，修剪至 4~7cm 移除所有修剪下的部分	**第一剪** 春季，修剪至 7cm **第二剪** 8 月 /9 月，修剪至 4~7cm，为了防止浓密的 1 年生植物对多年生植物的遮蔽影响 移除所有修剪下的部分	8 月 /9 月 /10 月，修剪至 4~7cm 移除所有修剪下的部分
未来几年	**第一剪** 4~7cm，3 月 /4 月 **最后一剪** 4~7cm，9 月下旬 /10 月 若土壤肥沃则需要额外修剪清理杂草	**第一剪** 4~7cm，3 月 /4 月 **最后一剪** 4~7cm，9 月下旬 /10 月 若土壤肥沃则需要额外修剪清理杂草	**第一剪** 4~7cm，3 月 /4 月 **最后一剪** 4~7cm，9 月下旬 /10 月 若土壤肥沃则需要额外修剪清理杂草	**第一剪** 4~7cm，3 月 /4 月 **最后一剪** 4~7cm，9 月下旬 /10 月 若土壤肥沃则需要额外修剪清理杂草

市场上有各种各样的混合种类。关于特定用途和情况的特定混合种的适用性，要参照种植者的目标而定。

2.9 表层土

蒙蒂最喜欢的莫过于炫耀他的钻土把戏了。

英国相关标准：BS 3882 2007

定义

表土层：可供植物健康生长的天然的表层土壤或人造表层土壤。

人工表土：由矿物质和有机质结合而成的，具有与天然表土相同功能的土壤层。

表土特性

（请参考英国标准对特定类型土壤的特征描述）

参数	多用途表层土
土壤质地% m/m 黏土含量% 泥沙含量% 砂含量	5~35 0~65 30~85
土壤有机质含量 黏土 5%~20% 黏土 20%~35%	3~20 5~20

续表

参数	多用途表层土
最大粗粒含量 >2mm >20mm >50mm	0~30 0~10 0
Ph 值	5.5~8.5
可利用的植物营养素含量 氮气 5m/m 可萃取磷 mg/l 可萃取的钾 mg/l 可萃取的镁 mg/l	>0.15 16~100 121~900 51~600
碳：氮	<20：1
可交换的钠% （若土壤电导率 <2800 μcm^{-1}，则不需要测量）	<15
可见污染物 %m/m >2mm ……其中的塑料物质 ……其中的尖锐物质	<0.5 <0.25 0~1kg 风干土壤

%m/m= 质量百分比

土壤的休止角	角度
紧实土	50
松土	28
紧实黏土	45
湿黏土	16
干沙	38
湿沙	22

手感测试质地

• 砂砾状，不会粘在手指上——沙；

• 砂砾状，会粘于手指，并能被握成球状——沙壤土；

• 有黏性，很容易在手指上成型，并可在手指间迅速甩掉——黏壤土；

- 有黏性，有硬度，塑性强，可被滚卷成长二软的条虫状——黏土；
- 不黏但又不可被甩掉，有丝滑或似肥皂之感，可被塑形但又不会粘合——粉沙壤土；
- 既不含砂砾，不黏，也不丝滑——中壤土。

石头

任意方向的石头最大尺寸 50mm

植物性毒素（通常不会危害健康）

用于植物生长的阈值触发浓度。pH 值假定为 6.5，如果 pH 值下降，毒性元素的吸收将增加。

铜（Cu）	<135mg / kg
镍（Ni）	<70mg / kg
锌（Zn）	<200mg / kg
硝酸（Ni）	<75mg / kg
水溶性硼（B）	<3mg/kg

动物性毒素（危害健康）

用于公园，运动场和休憩用地的阈值触发浓度：

砷（As）	<40mg / kg
镉（Cd）	<15mg / kg
铬（Cr）	<1000mg / kg
铅（Pb）	<2000mg / kg
汞（Hg）	<20mg/kg

有关表土的使用、取样、处理和储存的相关信息，请参阅英国标准。
来源 / 版权：BS 3882：2007 @ 英国标准协会。经 BSI 标准有限公司许可。
英国标准可以从 http://shop.bsigroup.com 以 PDF 格式获得。
客户服务电话：+44（0）20 8996 9001。
电子邮件：cservices@bsigroup.com

结构分类
（矿物质地级的沙子，泥沙和黏土大小颗粒的限制百分比）

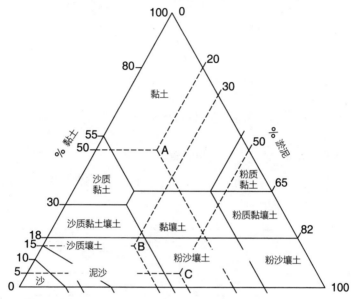

注释：
土壤质地举例：
土壤 A：30% 沙，20% 淤泥和 50% 黏土，属于黏土质地；
土壤 B：55% 沙，30% 淤泥和 15% 黏土，属于沙质壤土质地；
土壤 C：45% 沙，50% 淤泥和 5% 黏土，属于沙质黏土壤土质地。

来源／版权：英国标准协会 BS 参考文献 3882：2007

2.10　苗木种植期

落叶乔木和灌木：10 月下旬至 3 月下旬。

针叶树和常绿植物：9 月 ~10 月或 4 月 ~5 月。

草本植物，包含边缘植物：9 月 ~10 月或 3 月 ~4 月。

干鳞茎、球茎和块茎：9 月 ~10 月。

秋水仙：7 月 ~8 月。

鲜球茎：春季开花后。

野花草块： 8 月下旬至 11 月中旬或 3 月 ~4 月。

水生植物： 5 月 ~6 月或 9 月 ~10 月。

种植箱植物： 若地面和天气条件有利，则可在任意时间种植。

苗木冷藏、团根和当地的天气状况可能会延长种植期。

2.11　乔木栽植

136

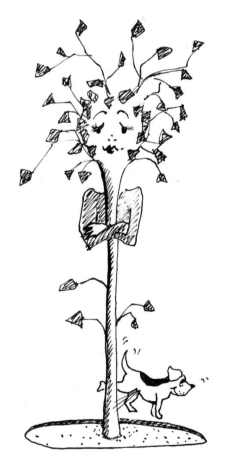

"在这个地方，一个女孩要喝点什么，做一个像样的发型，该怎么办？"

种植季节

北半球的植树季节一般是 10 月下旬至 3 月下旬。

苗木冷藏、团根和当地的天气状况可能会延长这一期限从 10 月初到 3 月下旬。

植物种植偏好

耐寒品种——最好是春季；

耐寒、落叶品种——最好在 10 月至 12 月之间；

耐寒、常绿品种——种植季节的早期或晚期；

种植箱种植的树木——全年。但是前面的指导方针会给出更好的结果。

注意要点

避免在寒冷，多风，炎热或干燥的天气下种植。

如果可能的话选择多云和阴雨连绵的天气。

如果在春末或夏季的时候种植，在第一个生长季，干旱期间应该浇灌植物。

种植前准备

这是至关重要的：

- 防止根部干燥。将树放在室内，短时间存放则应放在塑料袋中，并置于阴影背风处。
- 尽可能多地保留树木的根部。
- 避免损伤根系、树干顶部或从树干或根部剥离树皮。
- 避免温度过热，保持储存或运输过程中树干和树叶周围的空气流通。热量是由植物上的细菌和微生物产生的，尤其是在常绿植物的叶片上。在运输和种植的任何阶段，根部温度的升高会严重削弱植物活力，甚至使植物死亡。

存储

理想情况下，植物应该在不中断的情况下起苗，运输和二次种植。然而，通常在种植前需要持续数周甚至数月，因此：

- 带土球植物——土球应密实覆盖沙土，潮湿肥料，土壤或湿秸秆；
- 裸根植物——传统的储藏方法。若长时间内不立即种植，则需要成排（列）假植保存，在新鲜湿润的土壤中挖一条迎风面沟壁倾斜的假植沟，挖深到可以完全覆盖树的根部为宜，以免失水或水淹。若短时间内不立即种植，则可被暂时储存在温度较低的地方。

捆绑在一起的树木应该沿着假植沟分隔开来，以保持丛中心植物不会变干，或中心常绿植物不会变热。每隔 50 或 100 捆植物放置一个标记棒，以方便计数。

在非常寒冷的天气里，需要把植物掘起，根部需覆盖一层厚厚的稻草，以防止土壤结冰。

注：

耐寒种具有顽强的生命力，可以在天气寒冷、缺水的不利条件下生存。

假植，压实树根周围的土壤，将确保根系与土壤充分接触。

种植方法

小树

（i）切口种植

L，T 或 V 型是最快的方法，但不是最可靠的。该方法是先在地上制作切口，然后将植物的根部插入切口。通常适合大量种植裸根植物和枝条低于 90cm（3 英尺）的植物。此法不应用于潮湿的土壤或大型昂贵的树木，或者必须尽量减少损伤。

（ⅱ）土堆和垄种植

对于草皮难以切割的排水不畅的地方，土堆种植为根部提供了更多的自由排水的条件。在某些情况下，可以通过犁地形成垄和沟以帮助排水。在裸露的土地上，植物种在沟的下风向。

大树
坑种植

挖坑种植是最慢的方法，但它确保了根充足的生长空间。通常被用于种植超过 90cm（3 英尺）高的树木，若未能成活，其损失是很大的。

坑尺寸：直径至少 150~300mm，坑深 600mm，应大于土球根部初始生长的直径。

支撑

树的支撑有两种方法：一种是用木桩固定于地面，另一种是用绷紧的绳索固定于地面。通常若树高超过 1.5m，则需要支撑。木桩应选用软木，栗树或落叶松，没有凸起和大的边缘结，有一个末端指向。木桩的高度不应超过树高度的三分之一。

树木规格	木桩高度	总桩长（mm）	木桩横截面（mm）
轻型－重型	地面以上部分约为树高的⅓	1800	75~100
轻型－重型	最低分支点	2700	75~100
超重型	地面以上部分约为树高的⅓	1800	100
超重型	最低分支点	2700	100

更多的信息来源和参考

BS 4428：1989 景观业务通用守则

BS 4043：1989 关于移栽根球树的建议

根球的大小和树的重量

下表中的数据是一般值，具体数值将取决于树种、土壤类型和土壤含水量。

周长（cm）	树高（cm）	根球直径（cm）	重量（kg）
14~16	45~50	40	150
16~18	50~60	40	200
18~20	60~70	40~50	270
20~25	60~70	40~50	350
25~30	80	50~60	500
30~35	90~100	60~70	650
35~40	100~110	60~70	850
40~45	110~120	60~70	1100
50~60	130~140	60~70	1600
60~70	150~160	60~70	2500
70~80	180~200	70	4000
80~90	200~220	70~80	5500
90~100	230~250	80~90	7500
100~120	250~270	80~90	9500

来源 / 版权：Practicality Brown.www.pracbrown.co.uk

2.12　植物保护

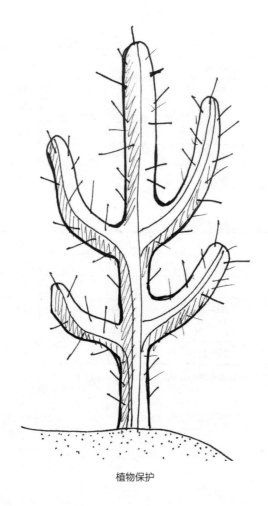

植物保护

树木防护

用途

- 创造温室环境，刺激生长缓慢的阔叶树快速生长；

- 保护小型／年轻的植物；

- 兔子保护；
- 通过喷雾和植物位置标记筛选病害杂草。

藤本防护

- 缠绕于单茎植物；
- 高度必须足够高才能提供必要的浏览保护；
- 随着树的增长而扩展；
- 附有尼龙扎带（外部或内部）的竹节支撑。

防护

- 塑料网和聚乙烯里衬管；
- 聚乙烯降解，留下自由排水网；
- 对灌木和树木来说，因依据植物的种类和大小来定不同的尺寸。

生长锥

- 预制管；
- 茶色钢与年轻的植物景观；
- 微圆锥形，使快速生长的茎与管分离；
- 用木桩、竹或钢棒支撑，绑在顶部和底部；
- 适应大小不同类型的食肉动物，如 1.2m 的獐鹿，30cm 的兔。

守卫树

用途

- 防止损害或天敌，例如：家畜，田鼠，兔子，鹿；
- 守卫树不影响植物生长；
- 较大的植物和树木——许多街头家具制造商提供的金属或木材的树木防护装置，主要是为了防止车辆或人员带来的损伤。

家畜圈

就是所知的羊圈、猪圈。

铰接式栅栏：将水平金属线穿过一定长度的垂直金属线，连接在一起，再将水平金属线缠绕在一起以形成铰接接头。接头具有柔韧性，如果竖向连接度不足，则很容易弯曲。

打结式栅栏：将水平和垂直的金属丝，连接成一个金属线结。垂直的金属线和防滑结可用于修建高度更高和更牢固的鹿栅栏。

索环式栅栏：将水平和垂直的金属线连接成一个环。

栅栏编码

家畜圈编码如下：

- 结网等级；
- HT– 高拉伸强度；
- 横向线条数量；
- 栅栏高度；
- 垂直线条间距。

例如：HT8/80/15

HT 高拉伸强度；8 根水平线；高度 80cm 的栅栏；垂直线的间距 15cm。

高强度钢丝

高强度钢丝网需要较少的中间立柱和较强的结构立柱。

等级：

- 高——工业，沿海，高载畜率；
- 中——通常使用；
- 低——经济型。

铁丝网

符合 BS EN 10223–2∶1998 的铁丝网或六角网。

不应过紧，挂在网状环的高张力线上。

13mm 果笼；

19mm 茅草（留住小麻雀）；

25mm 防鸡；

28mm 防兔子；

50mm 防家禽，野禽；

75mm 通用；

100mm 防羊。

有关鹿和兔子防护栅栏的典型细部，请参阅 1.18 节。

2.13 堆肥，覆盖物和人造土壤

堆肥
肥料使用的好处

- 营养供应。例如：氮和磷酸盐以缓释形式供应，钾盐是以容易获得形式供应；主要营养素有钙、镁、硫，以及微量元素，如锌、铜、锰和硼。

- 减少营养损失，改善阳离子交换能力——使土壤更容易保留养分。

- 植物更好的生存和生长——促进植物健康生长，添加有机物质改善土壤结构和养分。

- 减少土壤压实——有机物质提高了土壤的强度，使其更具渗透性和更适宜耕种。

- 提高土壤的保水能力和水分渗透。

- 控制水土流失和杂草（通过堆肥覆盖）——物理屏障，随着时间的推移而下降，减少表层土壤风蚀的机会。

- 微生物提高土壤养分循环利用和聚集，抑制土壤疾病的传播。

- 成本效益。尽可能减少对肥料的需求，和除草剂处理的需求（和覆盖物作用相同）。

产品规格

一般景观工程的土壤改良：种植床、树木、灌木、草本植物和草坪的建立

园艺参数	报告（计量单位）	推荐范围
pH	pH 单位（1∶5 水提取）	7.0~8.7
电导率	μ/cm 或 mS/m（1∶5 水提取）	2000 μ/cm 或最大 200mS/m
含水量	鲜重的 % m/m	35~55
有机质含量	基础干重 %	＞ 25
颗粒大小	空气干燥的样品通过选定网孔的 % m/m	99% 通过 25mm 的网 99% 通过 10mm 的网
C∶N 比例		最大 20∶1

铺覆和草坪养护

园艺参数	报告（计量单位）	推荐范围
pH	pH 单位（1∶5 水提取）	7.0~8.7
电导率	μ/cm 或 mS/m（1∶5 水提取）	2500 μ/cm 或最大 250mS/m
含水量	鲜重的 % m/m	35~55
有机质含量	基础干重 %	＞ 25
颗粒大小	空气干燥的样品通过选定网孔的 % m/m	100% 通过 10mm 的网
C∶N 比例		最大 20∶1

表土制造

园艺参数	报告（计量单位）	推荐范围
pH	pH 单位（1∶5 水提取）	6.5~8.7
电导率	μ/cm 或 mS/m（1∶5 水提取）	3000 μ/cm 或最大 300mS/m
含水量	鲜重的 % m/m	35~55
有机质含量	基础干重 %	＞ 25

续表

园艺参数	报告（计量单位）	推荐范围
颗粒大小	空气干燥的样品通过选定网孔的 % m/m	95% 通过 25mm 的网 90% 通过 10mm 的网
C：N 比例		最大 20：1

护根物

园艺参数	报告（计量单位）	推荐范围
pH	pH 单位（1：5 水提取）	6.0~9.0
电导率	μ/cm 或 mS/m（1：5 水提取）	3000 μ/cm 或最大 300mS/m
含水量	鲜重的 % m/m	35~55
有机质含量	基础干重 %	> 30
颗粒大小	空气干燥的样品通过选定网孔的 % m/m	99% 通过 75mm 的网 > 25% 通过 10mm 的网

英国标准机构公开发布的堆肥材料安全相关参数和限值规范（PAS 100 规范）规定了堆肥产品的最低质量标准。

污染物参数	报告（计量单位）	范围
化学		
镉（Cd）	mg/kg（ppm）干物质	≤ 1.5
铜（Cu）	mg/kg（ppm）干物质	≤ 200
铬（Cr）	mg/kg（ppm）干物质	≤ 100
铅（Pb）	mg/kg（ppm）干物质	≤ 200
镍（Ni）	mg/kg（ppm）干物质	≤ 50
汞（Hg）	mg/kg（ppm）干物质	≤ 1
锌（Zn）	mg/kg（ppm）干物质	≤ 400

续表

污染物参数	报告（计量单位）	范围
生物		
沙门氏菌属	MPN/25g	无
大肠杆菌	CFU g^{-1}	<1000 CFUg^{-1}
杂草种子	有活性的种子数 / 升	最大 ≤ 5
药害	分数控制 %	最小 80%
物理		
玻璃、金属、塑料	% m/m 风干样品 > 2mm % m/m 风干样品 > 2mm	≤ 0.5* ≤ 0.25*
石头和其他固体矿物污染物	% m/m 空气干燥样品	≤ 7*

* 应该指出，这些特定污染物的目标限值应该是零或接近零。

（% m/m = 质量%）

对于所有的合同，承包商应该能够提供由合同管理员批准的样品和证书。

实际应用可以根据不同要求而有所不同：

- 用于表面追肥；
- 用于表面覆盖物；
- 依据土壤的类型和质量，用于与土壤以一定的比例混合，对树坑或种植床的回填。

覆盖物

用途

- 美观——使种植区域看起来干净整洁；
- 抑制杂草生长；
- 非正式路径表面——英国国内情况；
- 侵蚀控制；
- 保持土壤湿度；
- 减少地面冻结的影响。

物料

覆膜大多是以树皮、木材或用于堆肥的植物残渣为基础的，也可以是稻草、碎纸或可生物降解的席子。

树皮覆盖物——规范

树皮覆盖物一般为针叶树，树皮粒径会被分为 1~125mm。

pH 值应在 4.5~5.5 之间，应该有最小的颗粒。

对于地面覆盖和宜人的灌木种植，应在表层土上铺设至少 50mm 厚的覆盖物。在其他较大的灌木和树木下应铺设 75mm 厚。

木材含量因产品而异，但应以百分比形式详述。

所有有害生物和杂草，不应用甲基溴或任何添加剂进行处理。

在成熟过程中，过量的挥发性产品应该从产品中驱除。

颜色也应该指定。

城市树木土壤

有时被称为阿姆斯特丹树土壤，因为它是通过荷兰瓦赫宁根大学和阿姆斯特丹市机械部门之间的研究而形成的。这个概念在 20 世纪 70 年代出现在荷兰，从粒径、形状、压实度、黏土含量、有机物含量、pH 值和营养状况等方面考虑城市树木的最佳生长介质。

有选择和分级地将硅砂和绿色废料添加到有机物中的一种混合物。

优点：

- 取代昂贵的进口表土，质量和效用一致；
- 结构稳定性和排水性更好；
- 改善了水和氧气进入根系。

应用：

- 主要是在城市中，那些需要结构稳定的优质表土却不容易获得的地方；
- 作为树坑中的根球周围的回填。

人造土壤

所有生产的表土应符合 BS 38822007 表土规范。

在进行草／草坪或景观绿化种植时，建议任何人造表土应含有至少 5% 的有机物（以燃烧损失来衡量）和 2–2–1 p–k–mg（最好 3–3–2）的营养指数。当堆肥用作生产表层土壤的一个组成部分时，通常其营养指数水平会超标，因此通常不需要额外施肥。

来源／版权： Heicom

景观产业堆肥规格由 WRAP、景观研究所，BALI，NBS 和 Melcourt Industries 联合制定。

150

2.14　软质景观维护

"两边长势不同步，伊迪斯，你怎么看？"

项目	目标	任务	时间（年）	频率
树木	确保树木保持健康、积极和安全的环境	检查成熟的树木	3 月至 9 月	每年
		对成熟/衰老树木的选择性采伐	10 月至次年 2 月	根据需要
		选择性的播种		
		修剪和修复伤口	10 月至次年 2 月	每 10 年
		去除/调整接种	10 月至次年 2 月	根据需要
		洒水	必要时依照检查	根据需要
			视天气情况而定，大约在	根据需要——每天的干旱情况
		新的种植以扩大和补充树木的多样性为主	5 月至 8 月	每年或根据需要
		树木调查信息和标记的回顾	10 月至次年 3 月	每 5 年
		其他任务——清除被困在树枝上的垃圾等等	3 月至 9 月 必要时依照检查	根据需要
河岸林地	确保树林地持续健康、积极和安全的环境	清除所有自然河岸林地中的所有自生苗。	1 月	每年
		选择间伐和修剪，以确保有足够的光通过树冠，使下层植物健康成长	根据需要	根据需要
灌木		考虑到自然习惯和形式，修剪应以给定物种的最佳展示形式为宜。 · 冬天开花	春剪	每年

续表

项目	目标	任务	时间（年）	频率
灌木 （接上表）	创造健康、积极的灌木群落。应该保持无杂草，若有任何有害的杂草，应立即清除。如：阔叶野草和蓟	· 灌木开花 3 月和 7 月之间	开花后立即修剪	每年
		· 灌木开花的 7 月和 10 月之间	冬季修剪旧枝	每年
		疏林作业（山茱萸）	2 月	每年
		化学除草	春、夏和其他控制方法都失败时	根据需要
		手动杂草控制		每月（10 月～次年 3 月）
		施肥	整个春天	每年
		新种植	裸根 10 月至次年 3 月	根据需要
			种植箱植物全年	根据需要
		垃圾清除	始终	每天
		翻土——敞土	整个 4 月	每年
		浇水	视天气情况而定，一般在 5 月至 8 月	根据需要
		再覆盖	3 月翻土后，土壤湿润	每周
		边缘修剪	5 月至 9 月割草之后	每周
		半月修剪	3 月至 4 月	若需要每年
		草本植物栽植	6 月至 10 月	根据需要
		其他任务——清除枯死的植物，减小植物密度	春季	根据需要
		去除草本植物的枯花		根据需要
		与草本植物分离	冬季，暖和的天气	若需要每年

续表

项目	目标	任务	时间（年）	频率
树篱	保持健康和有吸引力的树篱	修剪	4 月~10 月　艰难的修剪	5 次　若需要每年
		重塑	10 月至次年 2 月	每年
		基线化学除草	在冬季，夏季以及用其他方法控制失败的地方	
		人工除草	始终	每月
		施肥	春天	每年
		新植	10 月至次年 3 月	按需要每年
		垃圾清除	始终	每天
		浇水	视天气情况而定——通常是 5 月~8 月	根据需要——每天的干旱情况
球茎在观赏种植区内	发挥最大优势	切掉枯死的头部	花期每周检查 2 次	根据需要
		开花结束时将枯叶整齐地捆起来	按花期	若需要每年
		完全棕色时，清除死叶	按花期	若需要每年
		如果失败，则重新种植	根据新种植	若需要每年
		检查是否需要拆分和补充	开花之后仍为绿色	若需要每年
		拆分和补充	根据需要	
攀缘植物	根据种类确保其健康生长	像灌木一样检查，但也要检查攀缘支撑是否良好	始终	根据检查后的需要

续表

项目	目标	任务	时间（年）	频率
舒适美观草坪	保证草坪优美的颜色又平滑度最高50mm	遭破坏区域：修复，若需要可替换100~150mm的表层土，再播以混合BSH19的种子。	5月~9月	根据需要
		清除垃圾/碎片	始终	每天
		割下剩余物，留下剩余物，修剪边缘，收集整理。	4月~10月	每两周
		施肥——春天	4月	每年
		施肥——秋天	10月	每年
		松土	3月	每年
		钉草	秋天	每年2次
		对小径和种植的边缘进行改造	秋天	每年
球根草	保证草坪优美的颜色又平滑度最高100mm	遭破坏区域：修复，若需要，可替换100~150mm的表层土，再播以混合BSH19的种子。	5月~9月	根据需要
		清除垃圾/碎片	始终	每周
		在鳞茎开花后割草，去除剩余物，修剪边缘并去除装饰。	6月~10月	每4周
		施肥——春天	4月	每年
		施肥——秋天	10月	每年
野花区域		遭破坏区域：修复，若需要，可替换150mm的表层土，再播以混合BSH和WFG13的种子。	5月~9月	根据需要
		清除垃圾/碎片	始终	每周
		割至40~70mm	3月/4月	每年2次
		所有的残留物——从现场移除。	取决于所混合的种子	每年
		开花后切至40mm。	9月/10月	
		所有的残留物——从现场移除。	取决于所混合的种子	

157

2.15 软质景观维护计划：日常操作

下表是维护程序和时间表。这需依据特定情况下所需的维护程度进行修改。

操作	1月	2月	3月	4月	5月	6月	7月	8月	9月	10月	11月	12月	数量
草坪													
切割（废物收集前）													16~20
肥料			1							1			2
除草剂						1							1*
树木													
修剪		1											1
收整		1											1
人工除草		1											1
检查绳索和木桩						1	1	1	1				4
除草剂除草				1						1			2*
施肥					1								1
更换													1*

续表

操作	1月	2月	3月	4月	5月	6月	7月	8月	9月	10月	11月	12月	数量
灌木，针叶树和树篱													
修剪		1											1
收整		1											1
更换		1											1*
施肥					1	1	1	1	1	1			6
人工除草					1					1			2*
除草剂除草				1									1*
垃圾收集													
灌木区域													52
草坪													52
金属线栅栏													
常规操作													26
浇水													*

2.16 绿色屋顶

绿色屋顶

为什么要有绿色屋顶?	● 减少径流流入排水系统的流量； ● 改善气候环境； ● 通过保护，提高防水膜的使用寿命； ● 减少大气中的噪声和有害环境因素； ● 提高屋面保温隔热性能； ● 可以提供有益野生动植物休憩的舒适空间
绿色屋顶系统的类型	● 拓展型； ● 生物多样性型； ● 密集型； ● 半密集型

绿色屋顶系统的范围	• 轻量系统，底层 50~150mm，几乎可安装在任何屋顶平台上； • 基材丰富； • 仅限维护人员进入，不设置休憩及娱乐设施； • 耐寒、低维护植物（干旱和霜冻），如苔藓、苦草、草本和草药； • 没有一体化的灌溉系统——水被储存在生长介质中，减缓蒸发，减少径流
绿色屋顶系统的生物多样性	• 一种广义的绿色屋顶形式，重量轻，基底深度为 50~150mm，种植适合当地环境的植被； • 不旨在提供休闲用途； • 通过选择适合该地区的低营养基质的植物群落，鼓励生物多样性并吸引蚜虫和其他无脊椎动物； • 无需灌溉，无需维护； • 适用于轻型屋面，难以进入的屋面，平坦或倾斜的屋面； • 苔藓，草，自生的种子和栖息地； • 褐色屋顶是这种类型的延伸，当它们被回收用于新建筑时，利用或重建棕地上的基质和植物种类
密集型绿色屋顶系统	• 密集的基质具有较高的有机质含量，可以支持多种植物，深度达 150~1500mm； • 全程供娱乐和休闲使用的硬质和软质景观。注：屋面结构的设计必须能够荷载人及景观要素的重量； • 更大的排水深度可以提供更大的储水量； • 排水介质作为基层支持硬质景观要素； • 需要灌溉系统； • 高维护； • 不适合斜屋顶
半密集型绿色屋顶系统	• 重量轻，基质深度为 100~200mm； • 半密集的基质，具有一定的灌溉作用； • 限制进入。如：从天井进入，只限维护； • 支持更多种类的植物而不是密集的植物，仍然需要最低限度的；维护：草本植物、草药、灌木、木本植物
设计注意事项	在进行绿色屋顶设计时有许多设计考虑因素： • 屋顶使用类型——多功能型或限制功能型； • 屋顶的结构承载能力； • 建筑师设计的建筑屋顶——是暖的，冷的还是倒置的？（这与绝缘层的位置有关，并且会影响膜的使用类型） • 屋面坡度； • 建筑高度和风及风力抬升的影响； • 维护和安全； • 防火——大面积的绿色屋顶需要特殊的设计，以使其具有防火性能，例如：长度每 40m，最小宽度 1m 及高度 200mm 处，要用防火砾石或混凝土隔开；30mm 深的基质，有机土不超过 20%；屋面周围一圈及墙面开口处铺设防火砾石

绿色屋顶的构成	绿色屋顶由以下几层构成。每层的复杂程度取决于您的设计考虑因素： ● **精心挑选植物**——察看 ● **生长介质**——基质 ● **过滤膜**——防止细小颗粒从基材上冲洗到排水介质中 ● **排水元件**——设计用于在倾斜的屋顶上保留水分 ● **保湿垫**——保留水分和营养，并为根部屏障和防水膜提供机械保护 ● **根部屏障**——防止根影响防水。安装的类型、厚度和方法取决于景观的性质以及屋顶的形状和坡度 ● **防水膜**——需要耐用，使用寿命长 ● **隔热**——位置取决于建筑师是否选择了温暖，冷或倒置的屋顶设计 ● **蒸汽控制**——位于结构甲板和隔热层之间的层，以防止结露 ● **结构屋顶甲板**——设计用于支撑绿色屋顶的重量和任何活荷载
绿色屋顶基材	基质的混合和结构将取决于所指定的植物及其对保水、通气和营养的要求。许多专门从事防水膜和绿色屋顶系统的公司都提供特定的基质混合物，这取决于它是否适用于广泛或密集的系统
常用基材	仅适用于耐寒植物，如苦丁茶： ● 粗粒度； ● 保水能力低； ● 高风量； ● 营养储量低； ● 符合 DIN 4102 标准的阻燃剂
生物多样性基质	生长培养基需要特定的底物； 高度一般在 50~150mm
半密集型基层	密集的基层与一些有机物混合，增加了可选耐寒植物的范围： ● 中等粒度； ● 中等保水能力； ● 中等风量； ● 中等营养储量
密集型基层	更大比例的有机物混合使得所有植物都可备选： ● 细粒度； ● 高保水能力； ● 低风量； ● 高营养储量

屋面排水	景观屋顶虽然滞留了较高比例落在屋顶上的雨水，但总会有多余的水需要排出。这可以通过屋顶排水口，排水沟和排水管的形式排走。所有专门从事绿色屋顶防水卷材的公司都有专门设计的屋顶排水综合系统，并可根据以下情况提供排水口数量和尺寸的设计建议： ● 绿色屋顶的面积； ● 当地降雨强度； ● 建立生命和安全因素； ● 排水口和落水管的排水效率及尺寸。 出于安全原因，至少应该有两个排水口，或者一个排水口和一个溢水口。通过安装检查室或隔板，使得排水口必须保持畅通。 排水的最小屋顶降落量为： ● 拓展型屋顶——1∶60~1∶40； ● 密集的屋顶——1∶80~1∶40

	生长基质 50mm 厚的景天植物	生长基质 80mm 厚的岩石植物
拓展型绿色屋顶的植物选择	景天属植物（不同品种）	50mm 深的基层都为景天植物
	圆叶景天	毛叶耆草
	多花景天'Weilhnstephaner Gold'	山韭
	薄雪万年草	丹麦石竹
	杂交景天	西洋石竹
	六棱景天	常夏石竹
	高加索景天——粉、白、红	山柳菊
	反曲景天	绿毛山柳菊
		碱蓬草
		膜萼花（洋石竹）
		纽曼委陵菜
		岩生肥皂草
		虎耳草穿心莲
		常绿蔷薇
		铺地百里香
生物多样性型绿色屋顶的植物选择	这取决于项目的所在地，一般包括混合种、景天科植物、草本植物和当地的野花资源	

半密集型绿色屋顶的植物选择	可以在 100~150mm 厚的生长基质上生长的草药，草本植物和景天科植物	
	所有上述景天科植物	半日花属岩玫瑰
	韭菜	常绿油麻藤
	意大利紫菀	狭叶薰衣草
	低矮薹草	黄蜜蜂花
	薹草属	月见草
	石竹	牛至
	西洋石竹	狼尾草 'Compressum'
	石竹	大花夏枯草
	石竹	虎耳草穿心莲
		景天属 'Herbstfreude'
		石蚕
		百里香
密集型绿色屋顶的植物选择	植物选择包括攀缘植物、灌木、多年生草本植物、小乔木和适合种植美化的植物	

来源 / 版权：Alumasc 绿色屋顶系统，www.alumascwaterproofing.co.uk/greenroofing

2.17　土工织物

165

什么是土工织物?

土工织物是由合成纤维制成，机织或非织造的柔性毯状产品。

景观用途

- 防止杂草增长——树皮覆盖物；
- 保湿；
- 过滤层，例如在植被屋顶下面；
- 杂草控制层，例如在碎石路下面侵蚀控制；
- 根壁垒；
- 沉积物截留。

土木工程用途

- 如果混合条件允许，施工材料可能会受到土壤的不利影响。例如，如果细粒级的土颗粒与道路的颗粒状基层混合，道路的承载能力将大大降低。土工织物有效防止了这一点。
- 易于在软质区域上散布颗粒状物质；
- 尽量减少挖掘和更换原有地面的需要；
- 在恶劣天气下继续工作；
- 避免施工车辆陷入泥泞的危险；
- 大规模侵蚀控制和海上防御工事；
- 预防污染。

用于土工织物的材料

- 黄麻垫——可生物降解；
- 稻草或棕（椰子纤维）；
- 电线；
- 塑料；
- PVC涂层网格；
- 聚合物席子。

铺设

如果需要的话，卷起并固定在基材上。

"无纺"纺织品用于地面稳定

整体稳定结构可以分为三个基本组成部分：

- 分离组件——土工织物可防止颗粒层和软质层的混合；
- 过滤组件——土工织物可以控制从基地工程来的过量的水的通过；
- 限制组件——限制颗粒层底部材料的横向移动。

如果路基非常柔软（CBR ≤ 不排水剪切强度 ≤ $10kN/m^2$），那么使用具有较高拉伸强度的土工织物以提高施工可能性是明智的。例如：软泥炭或雪橇覆盖层。

无纺土工布的设计与选择

● 确定土工织物上方颗粒层的厚度

● 选择适合的土工织物等级。

底基或封盖的厚度应该来源于相应的国家标准。施工很大程度上取决于其含水量所决定的路基的强度。现场数据应提供路基的 CBR 值。选定的等级必须足够坚固，以抵抗稳定结构的安装。分级强度越低，与土工织物接触的石头越大，土工织物必须越坚固。

资料来源：请参阅 Terram 有限公司的"地面稳定性"指导方针，以获得有关铺设 Terram 无纺布产品的更多详细信息。

第3章 规划和立法

3.1 规划和发展控制

英格兰主要立法	<ul><li>2011 年地方法案（对以下仍在生效的法案进行修正）；</li><li>2008 年规划法案；</li><li>2004 年规划与强制采购法；</li><li>1991 年规划与赔偿法；</li><li>1990 年城乡规划法；</li><li>1990 年规划法（列入文物保护名册的建筑与保护区）</li></ul>
威尔士主要立法	<ul><li>2011 年地方法案（限制了除国家重大基础设施项目以外的申请）；</li><li>2008 年规划法；</li><li>2004 年规划与强制购买法；</li><li>1991 年规划与赔偿法；</li><li>1990 年城乡规划法；</li><li>1990 年规划法（列入文物保护名册的建筑与保护区）</li></ul>
苏格兰主要立法	<ul><li>2011 年地方法案（限制了除国家重大基础设施项目以外的申请）；</li><li>2006 年规划法（苏格兰）等；</li><li>1997 年城乡规划法（苏格兰）；</li><li>1997 年规划法（列入文物保护名册的建筑与保护区）（苏格兰）</li></ul>
北爱尔兰主要立法	<ul><li>2011 年规划法（北爱尔兰）；</li><li>2006 年规划改革法案（北爱尔兰）；</li><li>2003 年规划法案（北爱尔兰修订版）；</li><li>2001 年规划与赔偿法（北爱尔兰）；</li><li>1991 年规划法（北爱尔兰）</li></ul>
规划许可需要	根据现行法律规定，任何土地开发均需获得许可。开发的定义是：<ul><li>在地面或地下进行建筑物操作、工程操作、采矿作业或对任何建筑物以及其他土地的使用作出任何重大改变</li></ul>

是否始终需要规划许可	**不需要** ● 1947 年前的开发； ● 不被视为开发的项目； ● 允许开发 **需要** ● 可能具有显著环境影响的项目，参见"环境影响评价导则"中表 1 所列项目； ● 其他开发，包括"环境影响评价导则"中表 2 所列项目； ● "使用变更"需得到同意； ● 指定的或对周边有不利影响的项目
不视为开发类的项目	● 不影响建筑物外观的工程； ● 地方政府和法定公用事业承办者的高速公路建设和公共服务设施； ● 位于住宅范围内，作为房屋的附属配套设施； ● 林业和农业； ● 相同使用类别内的使用更改（请参阅使用类别说明）； ● 除保护区外，地面的硬化工程； ● 除保护区外，非干线或分类道路的路面施工工程； ● 除保护区外，屋顶太阳能电池板或屋顶采光窗户面积占比大于 10% 的工程； ● 企业区，特别保护区（SPZs），特别开发项目和地方开发项目的开发
开发许可	● 有限扩张或住宅的改进； ● 小型道路工程； ● 非广告目的的建筑物外观涂装； ● 31 个允许的发展类别（参考 GPDO）。 例如： ● 第 1 类：住宅宅邸范围内的开发活动； ● 第 2 类：高速公路 1m 以下的大门和栅栏，其他地方不超过 2m； ● 第 4 类：临时使用的建筑物； ● 第 6 类和 7 类：农林建筑工程
始终需要得到同意的使用变更	● 将建筑物分成两个或两个以上独立的住宅； ● 在已经用于此目的的土地上存放垃圾或废弃物，扩大了场地的表面积，或者增加了相邻场地的高度； ● 在非广告用途的建筑物的任何部分放置广告； ● 养鱼场

规划权限类型	• **整体**：所有内容都被批准。可能会补充施加条件； • **纲要**或**原则许可**（在苏格兰）：保留事项需要商定； • **保留事项的批准**：例如：批准选址，设计，外观，通道，景观等； • **规划许可变更**：对已经获得批准项目的非重大变更； • **发展意向告知**（NID）：宣传地方政府发展的程序
规划许可申请	**强制性要求** 所有完整的规划申请应该包括以下三个副本： • 完整的申请表格； • 合理的预算（若有必要，要提供规划规模和发展类型）； • 所有权证明； • 农业持股证书； • 第1部分注意事项； • 区位图； • 图纸——场地总平面图，平面图，立面图，剖面图； • 环境声明 **广告** 保护区内开发项目和周边不和影响较大的开发项目 **可能的附加信息** 地方规划部门可能会要求根据申请的性质和类型或该地区的性质和特点来补充附加信息。这些信息可能包括： • 支持规划声明； • 设计/准入声明； • 交通评估/物流运输草案； • 规划义务； • 洪水风险评估/排水策略； • 列名建设评估与保护区评价； • 再生声明； • 零售评估； • 房产证明； • 开放空间； • 可持续性评估； • 园林绿化； • 树木调查/树木描述； • 历史/考古功能和古代遗迹； • 生态评估； • 噪声影响评估； • 空气质量评估； • 污水处理评估； • 公用设施声明； • 能源声明； • 隔声要求； • 矿物工作和恢复；

续表

规划许可申请 （接上表）	● 日照 / 采光评估； ● 通风 / 排风和垃圾处理细节； ● 结构调查； ● 照明方案，包括光污染评估
宣传 / 咨询	有关宣传和咨询的规定适用于： ● 重大进展； ● 影响保护区、登记入册的名胜古迹建筑、公共权利的开发， 　或偏离计划的开发； ● 需要环境影响评估（EIA）的项目
规划许可程序	**个人申请规划许可** ● 完整、简要、预留的事项，变更或意向通知 **地方规划局审查申请** ● 考虑景观设计； ● 可以打电话获得更多的信息； ● 进行磋商； ● 遵守准则； ● 可能需要环境影响评估； ● 可能需要债券和 / 或规划义务 **地方规划局决定** ● 授予附加条件许可； ● 通过条件授予许可； ● 拒绝许可
处理拒绝的方案	● 接受拒绝，并得到客户的批准； ● 提出修改建议，以解决地方规划局拒绝的理由，并重新提交 　申请； ● 对决定提出上诉； ● 请求司法审查
规划许可期限	● 完整的规划许可：3 年； ● 纲要规划许可 / 规划许可原则（苏格兰）：3 年，其中 2 年用 　来解决细节和保留问题

3.2 在列的受保护遗产，基础设施，景观质量，文化和自然栖息地

（本节结尾提供了关键字的缩写说明）

受保护地点／项目	主要立法	应用区域	目的	管理机构
树木保护法令（TPOs）	1974 年 TCA 法规 1990 年 TCP 法规 2006 年 P（S）法规 2011 年 P（NI）法规 1991 年 PC 法规 以及英国的相关 TPO 法规	英国	如果单株或几株树木以及林地的移植会对环境和公众生活产生重大影响，则应对其进行保护。除非得到地方当局的同意，否则应防止树木受到伤害。 确保已经允许砍伐的树木得到补种	地方规划局
保护区	1974 年 TCA 法规 1990 年 TCP 法规 2006 年 P（S）法规 2011 年 P（NI）法规 1990 年 P（LBCA）法规 1997 年 P（LBCA）（S）法规 2011 年 HE（A）（S）法规	英国	保护具有特殊历史意义的建筑和区域，在保护区规划下延续或加强该地区的特质或风貌。包括未被纳入 TPO 保护范围的树木 任何改动均需得到同意	地方规划局

续表

受保护地点 / 项目	主要立法	应用区域	目的	管理机构
特殊建筑或历史名胜建筑（所列建筑物）	1974 年 TCA 法案 1990 年 TCP 法案 2006 年 P（S）法案 2011 年 P（NI）法案 1990 年 P（LBCA）法案 1997 年 P（LBCA）（S）法案 2011 年 HE（A）（S）法案	英国	保护已被列入遗产保护名录的建筑群，其外观重要在建筑学及历史学方面有着重要的遗产价值，并且保留建筑物的所有附属物及其宅园（也可包含景观）。任何改动均需得到同意	EH，Cadw，国务卿和HS，DOENI－建造遗产，地方规划局
保护区	1979 年 AMAA 法案 2011 年 HE（A）（S）法案 1995 年 HMAO（NI）指令	英国	保护具有国家重要性的纪念碑，任何影响场地的改动或项工程。经遗产古迹相关部门同意。该立法还允许对具有考古价值的地点进行考古调查 / 记录	EH，Cadw，国务卿和HS，DOENI－建造遗产，地方规划局
历史园林与景观	没有主要立法——通过纳入每个理事机构编制的清单和规划政策来加以保护。地方规划部门需要对可能影响历史园林与景观的开发方案进行评审	英国	禁止可能对遗产目录中的园林和景观产生不利影响的开发活动	EH，Cadw，国务卿和HS，DOENI－建造遗产，地方规划局
环境敏感区（ESA）农业环境计划	1993 年和 1986 年农业法案 通过农村发展方案制定欧盟共同农业政策	英国 欧洲	保护受农业生产活动威胁的杰出生态、景观、考古、建筑或历史遗址	DEFRA，SEERAD，威尔士政府——农业部，DARDNI

续表

受保护地点／项目	主要立法	应用区域	目的	管理机构
绿带	1938年GB（LHC）法案 1947年TCP法案	伦敦周围各郡 英国	保护城市和乡村基础设施	地方规划局
具有巨大景观价值的地区	1947年TCP法案	英国	保护乡村基础设施	地方规划局
国家公园	1949年NPAC法案 2000年NP（S）法案 2006年NERC法案	英国（虽然该法同样适用于北爱尔兰，但它没有国家公园）	保护和增强自然美和环境特色；鼓励提供基础设施；保护野生动物和文化遗产；促进公众对公园的了解。促进自然资源的可持续利用和经济社会可持续发展	NE, CCW, SNH, NIEA（ES）， 国家公园管理局
郊野公园	1968年C法案 1967年及1981年C（S）法案	英国	提供休闲娱乐场所	当地政府
杰出的自然风景区（AONB）	1949年NPAC法案 2000年CROW法案	英格兰、威尔士和北爱尔兰	加强、促进和保护这些地区的自然美和环境特色	CCW, NE, NIEA（ES）， 当地政府
国家风景区（NSA） 国家遗产区（NHA）	SO Circular 20/1980 1991年NH（S）法案	苏格兰	保护植物、动物、地质和生态环境	SNH, 当地政府
植物绿篱	1995年环境法案 1997年篱笆法规	法案：英格兰和威尔士 法规：英国	英国：保护重要的绿篱。欧盟：为在帮助生物多样性方面发挥作用的线性景观提供保护	当地政府， DEFRA, SEERAD

续表

受保护地点/项目	主要立法	应用区域	目的	管理机构
獾和洞穴	1981年WC法案 1973年B法案, 1992年PB法案 2011年WNE(S)法案 2011年WNE法案(NI)	英国	保护獾和它的洞穴	DEFRA,SEERAD,NIEA(ES)
蝙蝠和蝙蝠窝	1981年WC法案	英国	保护蝙蝠和蝙蝠窝	NE,CCW,SNH,NIEA(ES)
石灰石路面	1981年WC法案	英国	保护石灰石路面	NE,CCW,SNH,NIEA(ES), 当地政府
具有特殊科学价值的地点。(在北爱尔兰—有特殊科学价值的地区)	1949年NPAC法案,1981年WC法案 1985年WC(A)法案 1967年, 1981年C(S)法案 2004年NC(S)法案, 2000年CROW法案 2011年WNE(S)法案 2011年WNE法案(NI)	英国	保护植物群、动物群、地质和地貌	NE, CCW, SNH, NIEA(ES), 土地所有人、占用人、承租人、第三方
自然保护区	1949年NPAC法案	英国	研究植物群、动物群、地质和地貌	NE, CCW,SNH, 当地政府、土地所有人、占用人、承租人

续表

受保护地点/项目	主要立法	应用区域	目的	管理机构
国家自然保护区（NNR）	1981年WC法案	英国	研究具有国家重要性的动植物、地质学和自然地理学	NE,CCW,SNH,NIEA（ES）及RSPB等
海洋自然保护区（MNR）	1981年WC法案 2009年MCA法案及2010年M（S）法案	英国	同上，但在海洋环境中	NE, CCW,SNH, NIEA（ES）
物种和栖息地	1981年WC法案 2000年CROW法案 2004年NC（S）法案，2011年WNE（S）法案 2011年WNE法案（NI）ECD 92/43CITES	英国 英格兰及威尔士，苏格兰 北爱尔兰，欧洲，全世界	保护野生动物栖息地和物种；列出的物种有额外的保护。保护生物多样性	NE,CCW,SNH,NIEA（ES），当地政府，土地所有人、占用人、承租人、第三方，所有人
国际重要湿地	1971年湿地公约 2004年NC（S）法案，2006年NERC法案 2009年MCA法案，2010年M（S）法案	全世界	保护湿地生态、植物、动物、湖沼、水文	IUCN、NE、CCW、SNH,NIEA（ES）
2000年Natura项目（SAC & SPA）	1972年EC法案，ECD 92/43	欧洲	保持生物多样性、栖息地、动植物群	NE, CCW,SNH, NIEA（ES）
特殊保护区	1972年EC法案，ECD 79/409	欧洲	保护野生鸟类及其栖息地	NE, CCW,SNH, NIEA（ES）

续表

受保护地点/项目	主要立法	应用区域	目的	管理机构
世界遗产产地	1972 年公约	全世界	保护全世界人造的及自然的遗产	UNESCO, EH, HS, Cadw, NIEA (ES)

主要的管理机构（按首字母顺序排列）

Cadw（威尔士历史古迹）——威尔士历史环境服务处；CCW——威尔士乡村委员会（北爱尔兰）；DARDNI——农业和农村发展部（北爱尔兰）；DEFRA——环境、食品和农村事务部；DOENI——环境部（北爱尔兰）；EH——英国遗产部；HS——苏格兰历史部；IUCN——国际自然保护联盟；NE——英格兰自然署；NIEA (ES)——北爱尔兰环境执行与农村发展部；SNH——苏格兰自然遗产；UNESCO——联合国教科文组织

主要立法（按首字母顺序排列）

AMAA Act 1979——1979 年古迹和考古区法案；B Act 1973——1973 年灌溉法案；CITES——濒危野生动植物种国际贸易公约；Convention 1972——1972 年关于保护世界文化和自然遗产的公约；C Act 1968——1968 年乡村法案；C(S) Acts 1967 and 1981——1967 年和 1981 年苏格兰乡村法案；CROW Act 2000——2000 年农村与道路权利法案；EC Act 1972——1972 年欧权利法案；ECD——欧洲共同体指令；GB(LHC) Act

1938——1938 年伦敦和家乡绿带法案；HE(A)(S) Act 2011——2011 年苏格兰历史环境（修订）法令；HMAO(NI)Order 1995——1995 年北爱尔兰历史古迹和考古文物；MCA Act 2009——2009 年海洋和沿海海道法；M(S) Act 2010——2010 年苏格兰海洋法案；NERC Act 2006——2006 年自然环境和乡村社区法案；NC(S) Act 2004——2004 年苏格兰自然保护法案；NH(S) Act 1991——1991 年苏格兰自然遗产法；NP(S) Act 2000——苏格兰国家公园法案；P Act (NI) 2011——2011 年北爱尔兰规划法案；NPAC Act 1949——1949 年国家公园和乡村准入法案；NP(S) Act 2000——苏格兰国家公园法案；PB Act1992——1992 年獾保护法案；PC Act 1991——1991 年规划和赔偿法案；P(LBCA) Act 1990——1990 年规划（列出建筑物及保育区）；P(S) Act 2006——2006 年苏格兰规划法案；SO Circular 20/1980 年苏格兰办公室通函 20/1980 年；TCA Act 1974——1974 年城镇和乡村设施法；TCP Act 1947——1947 年城乡规划法案；TCP Act 1990——1990 年城乡规划法案；WC Act 1981——1981 年野生动物和乡村法案；WC(A) Act 1985——1985 年野生动物和乡村法案；WNE(S) Act 2011——2011 年苏格兰野生动物和自然环境法案；WNE Act (NI) 2011——2011 年北爱尔兰野生动物和自然环境法

179

3.3　树木保护法令（TPOs）

"这不是我们在委员会的想法，史密斯先生……"

背景	● 根据城乡规划法案，地方规划部门（LPAs）需要为树木的种植和养护做出适当的规定。规划政策指导还指出，地方规划部门应该设法保护对自然遗产有价值的树木，或者为某个地区的特色或舒适度有贡献的树木
英国立法	**主要立法** ● 1974 年的城乡和乡村设施法案； ● 1990 年城乡规划法案； ● 1991 年规划和赔偿法案； ● 2006 年规划（苏格兰）法案； ● 1991 年规划（北爱尔兰）法案； ● 也有 TPO 形式的二级立法法规（"Regs"）
目的	● 防止砍伐、残害和损害树木或林地的健康，除非获得地方规划部门的同意； ● 如果树木和林地的清除会对公众的环境和使用产生重大影响，就要保护相应的树木和林地

形式	● 单样； ● 区域； ● 群组； ● 林地
谁制定 TPO？	● 地方规划部门； ● 有特殊需求的国家公园、湿地公园、企业区和城市开发区 (UDAs)
责令豁免	● 树篱，野生灌木丛，可修剪灌木丛； ● 共有土地上种植的树木（未经同意）； ● 林业部门管辖的用地（除非获得许可）
获得许可的 豁免	● 树木死亡或濒危； ● 预防 / 减少滋扰； ● 机场 / 防御设施上的树木； ● 观赏果树和果园； ● 林业局的运营计划； ● 古迹或教堂庭园附近的树木； ● 由法定承办人执行，但不包括公用事业公司（除某些特定情况下，例如涉及安全）； ● 批准作为规划许可的一部分
TPO 制定程序	● TPO 必须采用规范中包含的形式； ● 规范必须使用 1：1250 的 OS 地图，或 1：2500 的地图来定义树木的位置、数量、种类和位置； ● 法案、图纸和编制依据的副本需递交土地所有者，并在可查验的地点进行展示； ● 可在 28 天内向有关当局提出异议； ● 法案副本需递交林业监管部门； ● 如果 TPO 会影响社区的利益，建议 LPA 通知受影响的居民并贴出通知
申请对受保护 的树进行作业	TPO 下的申请必须： ● 向 LPA 提交由政府公布的标准申请表格向，否则将被视为无效申请； ● 附上草图，标明建议进行作业的树木和土地的主要特点； ● 明确指出已征得同意的作业； ● 说明提出申请的理由（在特定情况下，需要具体的信息和证据来支持提案，这是为了确保能以技术信息来证明提案的正确性，以便 LPA 能够做出正确的决定）； ● 提供适当的证据描述损伤或缺陷
LPA 决策	如果 LPA 拒绝同意（或有条件地给予同意），他们应： ● 明确说明拒绝的理由；这些应该与申请人提出申请的理由有关； ● 解释申请人拥有对政府提出上诉的权利； ● 解释申请人拥有因 LPA 决定而遭受的损失或损害应获得赔偿的权利

续表

赔偿	如果申请被拒绝或通过但附带有限制条件，则除非 LPA 出具以下任一证明，否则任何损失或损害都可由 LPA 索赔。 ● 拒绝或所附带条件是为了良好的林业效益或 ● 树木或林地具有突出的或特殊的价值
允许移植条件	● 符合以下条件之一； ● 树木死亡 / 濒临死亡（不可抗力因素造成的除外）； ● 违反命令而毁坏树木的，应向土地所有者发出通知，要求其必须在最短的时间内种植替代树木； ● 替代树木应选择适宜的种类和适当的规格，并且必须在同一地点种植； ● 如果肇事者未能执行补种规定，理事会可以发出执行通知，强制执行
违规处罚	● 一经定罪，最高可处 2 万英镑罚款——裁判法院； ● 经定罪或公诉后，无限制罚款——刑事法院
临时 TPOs	紧急情况下，临时保育令的期限为 6 个月。为了防止在保育令生效之前砍伐树木，LPA 可以制定一个临时的 TPO，在具体生效日期前提供保护

183

3.4 绿篱相关立法

许多个阳光明媚的下午，乔治都在策划杀了亚瑟和他的绿篱。

立法	核心内容
1995 年自然环境法案（第五部分） **1997 年绿篱条例** 仅适用于英格兰和威尔士	重要的绿篱应受到保护，如： ● 农村的绿篱（即非花园绿篱）； ● 长度超过 20m，生长时间超过 30 年的绿篱； ● 具有显著的历史、景观或野生生物价值的绿篱； ● 为冬青、榆树、柳树和树篱等专门制定政策，形成受保护物种的栖息地； ● 由地方规划局指定，并由环境、食品和农村事务部负责（DEFRA）
生境条例第 8 条 **2005 年 6 月政府通告** 适用于全英所有地区	● 鼓励各地区对线性景观特征（即具有连续结构或功能的特征）进行管理，这些特征对于野生动植物来说是迁徙、分散或遗传交换的重要介质。这包括绿篱、传统的田野边界、河流、池塘和小树林； ● 可以使用规划条例和相关政策来促进其管理
2003 年反社会行为法第 8 部分	● 地方规划部门、风景园林师和树木保育人员，需要解决由高绿篱导致的邻里纠纷； ● 如果树篱对光线或通道有阻碍，并且主要是常绿树木，则将它们划分为"高"影响等级； ● 地方规划当局可提供一项补救通知书，要求所有者降低其高度（不高于地面以上 2.0m）或将其移除

3.5 须予公布的杂草和物种防治

相关立法	定义和操作
1959 年杂草法案	● 确定并列出"需申报的杂草"； ● 政府有权要求土地所有者预防"已申报野草"的蔓延
需申报的杂草	包括以下物种： ● 酸模属植物——降低耕作物的纯度和价值； ● 蓟属植物——降低耕作物的纯度和价值； ● 千里光属植物——对马、牛和山羊都是有毒的，因为它含有吡咯里西啶生物碱，留存在干草和青贮饲料中，降低了耕地价值
根除——最佳方法	● 酸模属植物和蓟属植物——用除草剂现场处理，根治或挖掘； ● 千里光属植物——用甘草酸处理，2 周后再恢复放牧
1981 年野生动物和农村法令附表 9 第 14 节	列出法律禁止种植的物种，野外生长的除外

续表

相关立法	定义和操作
物种列表	包括以下物种： ● 日本紫菀 ● 大猪草
影响	取代本土植被，形成单一物种，减少生物多样性
根除——方式 请参阅环境署的业务守则	**日本紫菀** ● 经认证的承包商进行的原位除草剂处理——以甘油磷酸酯为基础的除草剂被认为是最有效的（如果在河道周边使用，则需要通知相关机构）。在生长季节期间及植物濒死时使用。需要 3~4 年的治疗。处理后土壤中仍可能留有休眠根茎，必须在垃圾填埋场进行进一步处理。 ● 通过切割进行物理控制，再结合除草剂处理——每年进行四次会使植物失去活力。第一次切割是在第一批新芽发出时进行，最后一次切割是在它死去之前（9 月或 10 月）进行。需要每年进行一次切割。切割茎应在彻底干燥后，烧毁或送往垃圾填埋场。 ● 挖掘和清除至垃圾填埋场（被污染的土壤被归类为"应控制废物"）——从场地基点挖出横向至少 7.0m 且深 2.0m 的区域，这涉及根茎的范围。 ● 现场挖掘和掩埋——开挖时横向 7.0m 左右，深埋 2.0m，覆盖最小 5.0m 深覆盖层。 ● 挖掘和打夯——挖掘受污染的土壤，置于不可穿透的根部屏障上并用除草剂处理。覆盖一层土壤。 **大猪草** ● 用除草剂处理——树液中的呋喃香豆素可以使皮肤对来自太阳的紫外线敏感，在切割植物时引起灼烧感。
通知	通知环境署，苏格兰环境保护局或北爱尔兰环境署，计划在河道附近使用除草剂同时挖除（割除）日本紫菀因为根茎可以沿着河道往下游扩散并在其他地方重新生长。
1990 年环境保护法案	日本紫菀属于"应控制废物"，必须根据 1991 年"环境保护条例"的规定，在有执照的垃圾填埋场进行安全处理
判例法	● Giles v Walker 1890——业主和占用者有责任防止杂草蔓延到邻近的土地（归为过失），从而造成损害； ● 如果承包商允许杂草从一个地点扩散到另一个，则可能造成外来物种入侵

3.6　环境影响评估（EIA）

源立法	欧盟委员会环境影响评估指令 2011/92/EU 中的关于"评估某些公共和私人项目对环境的影响"。该指令将先前的指令（1985）及其后三次修订统一纳入同一指令
英国立法	以下英国法律将对欧盟委员会指令生效： ● "2011 年城乡规划（环境影响评估）规定"（仅限于英格兰，苏格兰、威尔士和北爱尔兰的国防项目除外）； ● 1999 年城乡规划（环境影响评估）（英格兰和威尔士）条例及其 2008 年修正案（仅限威尔士需更新）； ● 2011 年城乡规划（环境影响评估）（苏格兰）条例； ● 2012 年规划（环境影响评估）规定（北爱尔兰）
什么时候需要环境影响评估？	该规定要求某些可能具有显著的环境影响的项目，只有在对其影响进行系统评估后才能继续进行。该规定适用于两个单独的项目类型清单： ● 附表 1 项目——每种情况都需要进行环境影响评估； ● 附表 2 项目——只有当有关项目被判断可能会引起显著的环境影响（包括规模，位置敏感度，任何复杂或不利影响）时，才需要进行环境影响评估
筛检程序	● 条例允许开发商在申请规划许可前向地方规划局（LPA）申请是否需要进行环境影响评估的意见； ● 无论结果如何，LPA 必须提供书面声明
环境报告（ES）	环境报告是一份提供"指定信息"的文件，可以评估待开发项目对环境的影响。它随规划申请一起提交
指定信息	● 开发陈述。 ● 研究替代方案和选择开发的原因。 ● 确定和评估发展影响所需的数据。 ● 描述发展对环境的影响，按照以下方面分类：直接，间接，次要，主要；短期，中期，长期；永久的，临时的；积极的和消极的。植物群，动物群，土壤，水，空气，气候，景观，物质，文化遗产和上述因素之间的相互关系。 ● 缓解措施。 ● 非技术性总结
辖域	开发者可以从 LPA 获得关于 ES 所包括范围的正式意见，即它应该包括什么。这确保了 LPA 和相关咨询人员可以在早期阶段考虑项目和可能的影响，并将环境影响评估重点放在相关的项目上
修正案，修改和延长申请	无论是否进行过环境影响评估，在规划过程中的所有阶段都可以要求进行环境影响评估。环境影响评估条例适用于其后的预留事项的申请，例如同意审查矿产许可、修改或延长计划而可能产生重大影响的申请

提交过程	• LPA 收到开发商提出的环评要求，并进行筛检； • 如果需要环境影响评价，并提供了充分的信息，LPA 在收到请求的 3 个星期内通知开发商，并给出理由； • LPA 将环评细节进行公开； • 开发商书面通知 LPA 将进行环评，环评的范围与 LPA 一致； • LPA 通知条例中列出的法定咨询人，如有需要，他们需要向开发商提供相关信息； • 成立专家组，进行法律咨询及其他相关咨询 • 环境声明（ES）与规划申请一起准备并提交； • 申请人在报刊、网站等发布公告，至少 21 天内环境申明可被随时查看； • 环境声明会被保存在规划登记册中，并且还应将副本送至政府保存； • LPA 咨询法律顾问，他们有 14 天时间回复意见； • LPA 考虑第三方和法律顾问的陈述并作出决定，它必须在不少于 14 天且不多于 16 周内完成； • 在确定环境影响评估申请时，LPA 或政府部门必须通知公众，决定批准或拒绝申请，及其主要理由
顾问	• 首席委员会（如果不是 LPA）； • 保护委员会：英格兰自然保护区、威尔士农村委员会、苏格兰自然遗产、北爱尔兰环境局； • 环境署 / 国家环保总局 / 北爱尔兰污染环境服务处（关于特殊废物或污染）； • 高速公路管理局； • 相关政府部门； • 规划机构通常需要作为规划申请的一部分，对所有人开放咨询； • 在某些情况下： 　——健康和安全执行——用于危险操作 　——煤矿管理局——采矿 　——英国遗产 / 历史悠久的苏格兰 / NI 环境和文化遗产服务 / Cadw（威尔士历史古迹）——列出的建筑物 　——英国环境、食品和农村事务部，SEERAD——农业用地损失 　——林业局——林业用地损失 　——海洋管理组织——影响海洋地区的工程 注： • LPA 有权自行决定是否在法定机构之外进行咨询，例如专业兴趣小组； • 开发商可以要求 LPA（或政府部门）协助获取他们和被征询者持有的环境信息

3.7　景观和视觉影响评估

"这可能是'进步'先生，但我不需要在景观上留下印迹才知道现在是夏天！"

立法	景观和视觉影响评估（LVIA），是欧盟委员会 –EIA 指令 2011/92 / EU，关于"评估某些私人和公共项目对环境的影响"的环境影响评估法规要求的一部分。以下规定使这项立法在英国生效： ● 2011 年城乡规划（环境影响评估）规定（仅限英格兰）； ● 1999 年城乡规划（环境影响评估）（英格兰和威尔士）条例及其 2008 年修正案（仅限威尔士 – 在出版时更新）； ● 2011 年城乡规划（环境影响评估）（苏格兰）条例； ● 2012 年规划（环境影响评估）规定（北爱尔兰）
方针	**景观和视觉影响评估指南，第 3 版（草案）** 景观研究所和环境管理与评估研究所（由 Routledge 2013 年出版）。这些准则提出了一种方法，应该具有足够的灵活性，以适应项目早期阶段所需的修改，特别是在审查发展方案正在进行的情况下。第三版取代以前的版本，并考虑到自 2002 年以来发生的规划和法律变化。 景观及视觉影响评估的摄影与照片：景观学院（2011）建议 01/11

LVIA 的组成	**景观效果评估**：将景观变化作为一种资源。 **视觉效果评估**：关注的是如何通过提案在视觉上影响个人或群体的现有观点
方法 / 过程	**1. 范围界定** 在项目开始时由地方主管部门和法定委托人执行，应考虑： ● 研究区域中用于景观和视觉效果评估的范围； ● 信息来源； ● 可能存在的景观和视觉效果的性质； ● 需要在全面评估中处理潜在景观和视觉效果的主要受体，包括应评估的视点； ● LVIA 将进行基线评估的细节和程度； ● 评估可识别效果的意义和方法； ● 关于累积景观和视觉效果的评估要求。 **2. 建议开发的说明** 对拟开发项目的选址，布局和特点的说明。 **3. 对备选方案的思考** 描述所考虑的主要备选方案，包括环境影响和最终开发选择的原因 **4. 项目生命周期阶段** 生命周期每个阶段的发展描述： ● 建设； ● 施工； ● 拆除和恢复。 **5. 基线评估** 有关该地区景观和视觉舒适度的当前性质和价值，可通过以下方式提供实际记录和分析： ● 研究和调查工作； ● 将景观分类为字符类型； ● 视觉影响的视点和区域； ● 信息分析。 **6. 景观和视觉效果的识别和评估** ● 确定整个项目生命周期中的影响来源（建设，运营，停运和恢复）； ● 确定影响的性质：直接（作为开发的结果），间接或次要（由于主要开发次要的相关开发）和累积； ● 确定影响是短期的，中期的还是长期的，是永久的还是临时的； ● 确定影响为正面（有利），负面（不利或有害）或中性； ● 确定与景观敏感度相关的景观效果；确定变化的规模和幅度； ● 确定与视觉感受器的敏感度相关的视觉效果；确定变化的规模和幅度； ● 确定景观和视觉效果的重要性（例如轻微，中度，重度，重大）。

方法 / 过程 （接上表）	**7. 效果评估** 效果是否显著，取决于： ● 受体的性质： —受影响的程度对于政策方面是重要的（无论是国际的、国家的、地区的还是地方的）； —受体对所提议的改变或发展类型的敏感性； ● 性质的改变或影响： —变化幅度或大小的预测； —变化所影响区域的范围； —影响的持续时间及其可逆性； **8. 缓解** 解决发展中可能对环境造成的负面影响的建议： ● 通过迭代设计过程开发的措施已成为项目设计的主要组成部分； ● 避免和减少环境影响的标准施工方法； ● 旨在解决主要措施和标准施工实践已纳入计划后，仍然存在的有不利影响的措施； ● 补偿和增强。 这些应该在项目生命周期的所有阶段中考虑
与利益相关者和公众参与	自 2005 年英国批准《奥胡斯公约》以来，人们更加重视广泛、及时且有效地参与环境决策。通过更加重视当地社区的规划和相关事项的立法变化，这一点得到了加强。 **与利益相关方合作** 环境影响评估中的法定咨询人也适用于 LVIA（参见第 3.6 节环境影响评价）。 参与需要从初始范围阶段介入，或从更早的选择开发地点的阶段。其他有关方面和非法定咨询人会因不同项目而有所不同，但也可能有重要贡献。应该研究这个目标受众，以确保适当的参与。 **公众参与** 在形式上，环境影响评估程序只需在提交和审查环境声明时与公众协商。然而，早期的参与可能会增加对可能出现的关键问题的理解，减少反对意见，并对提案产生积极的好处。 咨询技巧各不相同，包括： ● 研讨会； ● 展览； ● 演讲和内部公开会议； ● 通信； ● 面对面讨论； ● 传单和邮件； ● 网站

3.8 景观特征评估

指导	《景观特征评估：英格兰和苏格兰指南》乡村机构和苏格兰自然遗产协会（SNH），2002 年。目前正在由自然英国（Natural England）和 SNH 进行审查
定义	景观特征评估被认为是一种特征识别工具，通过它可识别出当地的地方感和独特性。景观特征被定义为"在特定类型的景观中始终如一地出现的元素，具有独特和可识别的模式。地质、地貌、土壤、植被、土地利用、田野模式和人类住区的特殊组合特征。"
使用时	景观特征评估可作为地方规划发展政策的一部分，并指导：当地规划发展改革；研究开发潜力和景观容量；环境影响评价和景观管理建议。它不同于视觉评估，但可能与它紧密相连，例如在评估景观容量时
评估阶段	景观特征评估主要有六个阶段： ● 确定研究的范围和地理范围（这对研究人员顺利完成研究以及将研究实际应用于客户至关重要）； ● 资料收集； ● 现场调查； ● 分类和说明； ● 作出判断——决定方法； ● 作出判断——得出结论
苏格兰	2011 年，英格兰自然协会在与欧洲景观公约联网的景观特征平台上完成了景观特征分析的全部工作，与《欧洲景观公约》有关。他们提供了一幅地图，描绘了英格兰的景观和野生动植物特征，包括 159 个独立的"特征区域"，简明扼要地概括了一个地区的历史特征、景观和自然历史。22个海洋区域也已明确。 请参阅：www.naturalengland.org.uk SNH 以《景观特征评价》为基础，编制了一系列对苏格兰的景观特征进行分析和绘制的文件。 请参阅：www.snh.org.uk
威尔士	威尔士已通过威尔士景观合作小组的乡村理事会进行了景观特征评估的分析和绘制。所使用的方法称为 LANDMAP，该方法不同于英格兰和苏格兰所使用的方法，将景观划分为五个方面：地质学（地质学、地貌和水文学）、景观生境（植被）、视觉、感觉和历史文化景观。 请参阅：www.ccw.gov.uk
北爱尔兰	北爱尔兰环境局已经在北爱尔兰境内绘制了 130 个特征区域。对每一个景观特征区域进行了描述和分析，以确定其关键特征、景观现状、敏感性、管理原则和最新发展。 请参阅：www.ni-environment.gov.uk

3.9　树木栽培指南

有效指南	BS 5837：2012 与树木的设计，移除和施工有关的建议。 详细信息请参阅 BS
地形调查	应进行精确的地形测量，以便为所有设计、规划和施工决策方提供信息。调查应该确定： ● 在一定的时间段内，树种的规格应与种植场地和整个场地的设计要求相符； ● 除去只需要胸径超过 150mm 的树木的特殊林地外，标记树干胸径为 75mm 以上的所有树木的位置； ● 超出场地但冠幅覆盖场地，或位于场地边界之外的树木的位置，距场地边缘超过 12 倍胸径则无需标记； ● 对于单株树木，标记树冠分布的 4 个基点； ● 对于林地或树群，标记树冠的整体范围； ● 灌木丛、树篱、树篱和树桩的范围和基面高度； ● 其他相关特征，如河流、建筑物、边界、高架和地下设施，包括带有检修口和深度基础的排水管道
土壤评估	应进行土壤评估，以做出最终决定： ● 根保护区（RPA）； ● 保护树木； ● 新的种植与基础设计； ● 评估应确定土壤是否收缩。评估中应包括土壤结构、组成和 pH 值，以便设计新的种植和景观建议
树木调查	树木调查应由树木学家进行，并在树木调查记录表中列出： ● 顺序参考号（记录在树木调查计划中）； ● 按通用名称列出的物种，应给出对应学名； ● 高度； ● 胸径，按照附录 C 进行测量； ● 分支点，作为四个基本点的最小值，高度按照现有地面以上的高度： 　（a）第一个主要的分支点和生长方向（例：2.4-N） 　（b）树冠 ● 生命阶段（如年轻，半成熟，早熟，成熟，过渡）； ● 结构或生理状况； ● 初步管理建议； ● 预计剩余年数（<10,10 +，20 +，40+）； ● 类别，要在树状调查计划中用颜色分类：U（不适合保留）或 A 到 C（高，中或低质量）分级

根保护区（RPA）	通过每棵树的根保护区域的计算，确定施工禁区。对于单株树，RPA 计算的根保护区面积为以胸径 12 倍的长度为半径的圆的面积。有关多茎树 RPA 的详细计算，请参阅 BS 5837：2012
树木影响评估	"树木影响评估"对所提出的设计的影响、建议缓解措施以及可能制定的树木保护计划进行评估。评估应包括： ● 树木调查； ● 选择保留、移除并修剪的树木； ● 防止损坏土壤结构的结构措施； ● 评估树木损失可能带来的影响； ● 评估树木的限制条件； ● 树木栽培应解决的问题
树木栽培法说明	树木栽培法应适用于以下建议，包括： ● 拆除现有结构以及硬化的地表； ● 安装临时接地保护装置； ● 铺设新的硬质表面； ● 专业基础； ● 保留结构以便于地坪变化； ● 新景观的准备工作； ● 施工监理
树木保护计划	叠加在布局图上的树木保护计划应该显示所有硬质表面，包括临时工程和 RPA 内的其他现有结构。该计划应明确指出将要建立的保护性屏障的确切位置，以便在保留的树木周围形成施工禁区
施工禁区	所有保留的树木应该受到屏障或地面设施的保护，以排除破坏性的施工和存储活动
围挡	● 高 2.3m 的脚手架框架，包括垂直和水平框架固定在一起，支撑和焊接网格板连接到屏障内部的框架。垂直立柱应在中心位置，至少 3m 高，埋入地面至少 60mm； ● 场地组合 / 建筑物可能构成屏障系统的一部分； ● 或者与当地规划局（LPA）达成一致
地面保护	如根保护区内需要设置施工通道，进行相邻拆除或搭建脚手架，并且在与 LPA 达成一致后，应对地面进行保护： ● 行人通道——脚手架板设置在土工膜上的缓冲层上方； ● 车辆通道——由工程师设计以承受载荷（加固板或专有系统）； ● 隔离带仍应保留
额外保护	应采取以下附加措施： ● 污染土壤的物质不应在树干 10m 范围内排放（如油、混凝土废物）； ● 树叶 / 树枝或树干周围 5.0m 范围内不允许有火苗； ● 避免将布告板或电缆固定在受保护的树上。 预防性修剪也可以由树木栽培者进行

避免根部损伤	保护根系健康，应通过以下预防措施进行： • 防止对根部结构造成物理损伤； • 避免压实，保持土壤结构； • 提供水和氧气以达到根系。 这可以通过以下来实现： • 在安装防护表面之前，对现有地面覆盖物进行除草处理。咨询专家意见选择合适的防浸出和破坏根部的除草剂。 • 松散的有机物/草皮可以用手工工具小心地去除，并且新的表面填充在不妨碍垂直气体扩散的颗粒状填料层之上（例如无细砂砾，水洗骨料或鹅卵石）。根据土壤的 CBR（加利福尼亚承载比），可能需要负载悬浮层，如特种土工合成材料。 • 在 RPA 内限制新的不渗透表面，最大宽度为 3.0m，与树的一侧相切，并且限定在不超过根系 20% 的区域。 • 所有的挖掘应该手工操作，并且避免损坏大根的保护性树皮覆盖物。暴露的根应该用干燥的粗麻布包裹以防止干燥。根部直径小于 25mm 可以使用专用的切割工具修剪成侧支。大于 25mm 的根需与树木栽培学家磋商后方可移除。 • 确保 RPA 中的任何表面都背向树木倾斜以防止水涝
RPA 的基础	允许保留 A 类或 B 类树木，但基础必须避免根部损害。避免采用条形基础建议用桩，径向基础或悬挂板。工程学和树木学方面的建议将是必需的

避免新树对新构筑物的损坏

幼树或新植树与构筑物之间的最小距离（m），以避免将来的树木生长对构筑物的损害

结构	茎干在成熟期胸径大于 1.5m		
	< 30cm	30~60cm	> 60cm
建筑物和承重结构	–	0.5	1.2
轻负载结构（车库/门廊）	–	0.7	1.5
地下服务/排水渠 <1.0m 深 > 1.0m 深	0.5 –	1.5 1.0	3.0 2.0
砌体边界墙	–	1.0	2.0
原位混凝土路径	0.5	1.0	2.5
具有柔性表面或铺路砖的路径	0.7	1.5	3.0

　　来源/版权：BS 5837：2012《有关树木设计、移除和施工的建议》（来源，英国标准研究院）已获得 BSI 标准有限公司的许可。
　　英国标准可以从 http://shop.bsigroup.com 以 pdf 格式获得，也可以从客户服务部获得。
电话：+44（0）20 8996 9001，邮箱：cservices@bsi-global.com

202

3.10　建筑合同术语

联合合同审裁处（JCT）2011 年建筑合同	JCT 公布了一系列适合不同规模发展和不同采购方式的建筑合同： • SCB11—传统采购的标准建筑合同有 3 种版本： 　——有数量规定——工程在工程量清单中规定，设计由业主通过他的代理人，也就是建筑师提供 　——没有数量规定——同上，但工程未在工程量清单中规定，而是通过时间表进行规定； 　——有大概数量规定——在作品基本设计不完全详细的情况下使用。数量是近似的并且可以重新测量； • DB11—设计和构建采购的设计和构建合同 • IC11—中间建筑合同，涉及内容简单，已经过设计、核定和收费的工程，并在合同管理人指定的条件下进行管理 • ICD11—中间建筑合同，与承包商的设计有关的中间建筑合同，适用于价值较小且复杂程度较低的工程，承包商承担独立部分的设计工作 • MW11—小型工程建造合同，用于比较简单的小型工程 • MP11—业主定期进行大型工程的重大工程施工合同 • CM05—施工管理采购所用的施工管理协议 • MC11—采购管理合同 • MTC11—业主需要定期执行维修工程的测量合同 • FA11—在一段时间内采购建筑/工程等相关工程的框架协议 • CE11—为供应链中的建筑工程和服务采购提供合同，包括专业服务，供参与者在合作前和合作中使用 • **JCT 未指定顾问的房屋所有者/占用人建造合同。运用于国内/非商业客户** • **JCT 指定顾问的房屋业主/所有者建造合同。适用于国内/非商业客户**
基础设施合同条件（ICC）2011	由建筑工程师协会和土木工程承包商协会（CECA）制定，取代了前土木工程师学会（ICE）的一整套合同。 这是一系列土木工程合同的标准条件，包括： • 设计和建造； • 小项目； • 测量版本； • 术语版本； • 目标成本； • 合作伙伴附录； • 土木工程合同招标； • 基础设施考古调查； • 土地勘测

新工程和施工合同（NEC）2011	NEC 由 ICE（土木工程师学会）制定，代表了一种非对抗性的合同方法。这是一系列标准合同，包含了伙伴关系的概念，并鼓励雇主、设计师、承包商和项目经理共同努力。它提供了管理工具和项目管理程序的法律框架，以促进各种规模的工程和建设项目的创建。它包括一系列基于项目管理系统的文件，以满足雇主选择不同采购安排： ● 选项 A—具有活动日程的期权定价合同； ● 选项 B—带有工程量清单的定价合同； ● 选项 C—带有工程进度的目标合同； ● 选项 D—带有工程量清单的目标合同； ● 选项 E—成本报销合同； ● 选项 F—管理合同。 根据选择的主要选项，从 15 个二级选项中进行选择，进一步细化合同策略
其他 NEC 合同	**工程施工分包合同（ECS）** 细节：类似于 ECC 合同，但允许承包商将项目转交给分包商，将其在标题合同中的大部分条款强加给承包商。 **工程和建筑短期合同（ECSC）** ECC 合同的缩写版本，在项目预计发生微小变化时被认为是"低风险"的（不一定是低价值）。合同仍然在业主和承包商之间，但不使用 ECC 的所有流程，使其更易于经营和管理。 **工程与施工短包（ECSS）** 当承包商与雇主的合同是 ECSC 时，允许承包商将合同分包给低风险项目的分包商。 **专业服务合同（PSC）** 提供包括设计在内的服务。大多数条款与 ECC 主要合同中的条款相同，因此各方都有相同的义务和流程可供遵循。 **框架合同（FC）** 缔约方进入一个"框架"，在框架内，工程可以进行分包。这些分包项目将使用框架里的其他合同的一种，将框架合同中的主要条款与该分包合同中的单个条款挂钩。在框架的生命周期中，可以让不同的分包工程使用不同的合同。 **长期服务合同（TSC）** 主要用于运营或维护合同，除非是小的改进，否则不用于建筑工程。 **供应合同 / 短期供应合同（SC/SSC）** 在一个项目中提供货物的合同，该合同在采购 / 制造期间对其附加合同要求。供应合同是为了更大的采购项目；短供应合同适用于项目较小的或一般项目。 **仲裁合同（AC）** 审判员遵循本合同中的条款，以便就当事人之间的争议作出决定

景观产业联合合同（JCLI）	**JCLI 景观工程合同 JCLI LWC 2012** 用于新的景观建设合同。基于 JCT 的小型工程（JCT MW 11），其中包括对指定分包商、破坏、认证、市场波动和指定供应商等内容的附加条款。不包括植物养护的条款。包括 JCLI 注意事项 8 中的示范证书与表格。 **JCLI 景观维护工程合同 JCLI LMWC 2012** 用于维护工程，而不是新的景观工程。必须与 JCLI 合同一起使用才能进行的维护工程。包括 JCLI 注意事项 9 中的示范证书和表格。 **JCLI 景观工程与承包商的设计合同 JCLI LWCD 2012** 基于 JCT MW 11。 **JCLI 景观工程与 JCLI HLC / C 2011 咨询顾问签约** 根据 JCT 建筑合同服务于房主 / 占用者，由园林设计师协会制定。专门用于国内客户的花园项目，聘请顾问监督工程。包括 JCLI 注意事项 10 和示范证书与表格。与 JCLI 业主顾问协议一起生效。 JCLI HLC 2012 用于未指定顾问监督工程的情况
政府建筑工程承包范围	GC / Works 系列合同是用于政府建筑工程的标准政府合同形式。这些合同由文教署出版，供房地产顾问部门使用。 **注：这些合同还没有更新以反映最近的立法变化，政府建议使用 NEC 合同套件作为替代方案。** ● GC / Works / 1（1998 和 1999）； 　英国主要建筑和土木工程的标准合同形式，可以通过示范表格和评注获得，格式如下： 　– 数量； 　– 没有数量； 　– 单阶段设计和建造； 　– 两个阶段的设计和建造； 　– 工程量管理贸易公司； ● GC / Works / 2（1998）建筑和土木工程小型工程合同； ● GC / Works / 3（1998）机电工程合同； ● GC / Works / 4（1998）小型建筑，土木，机电工程合同； ● GC / Works / 5（1998）专业服务采购合同。与相关的 GC / Works 合同一起使用，用于指定与建筑工程相关的咨询服务。 ● GC / Works / 5 规定顾问框架协议的一般条件。专为在 3~5 年内与签订的 Gc/ 工程合同顾问服务而设。 ● GC/Works / 6（1999）日常工作合同的一般条款。适用于长期工作。基于 3~5 年的合同期。报酬相对简单：按费率表计算工资，按成本计算材料费，再按比例提成。 ● GC / Works / 7（1999）定期合同的一般合同条款。根据费率计划，在 3~5 年的合同期内根据需要向承包商下达订单。 ● GC / Works / 10（2000）设备管理合同通用条款。这种标准合同形式用于获得设施管理服务。合同建议设施管理承包商可以被指定为一站式服务商或管理代理商

项目合作合同 （PPC） 长期合作合同 （TPC）	由顾问建筑师协会（ACA）出版。 PPC（2008 年修订版）是项目合作合同的第一种标准形式，由建设任务组主席约翰·伊根（John Egan）先生于 2000 年 9 月发布。它为合作过程提供了基础和路线图，并可应用于任何辖区内的任何类型的合作项目。这是一份单一的多方合同，雇主，承包商和所有顾问在相同的条款和条件下共同工作。PPC 适用于单个项目。TPC（2008 年修订版）现已引入作为第一个标准合同形式，并将PPC 的原则引入到工程和服务的采购中

3.11 施工（设计和管理）条例 2007

208

相关立法	施工（设计和管理）条例 2007 （CDM2007） 这些文件于 2007 年 4 月 6 日生效并取代： ● 1994 年施工（设计和管理）条例； ● 1996 年施工（健康，安全和福利）条例
内容	条例分为五个部分 ● 第一部分：条例的解释及适用范围； ● 第二部分：一般管理职责——适用于所有施工项目； ● 第三部分：附加管理职责——适用于需申报的项目； ● 第四部分：根据 1996 年前施工（健康、安全和福利）条例—— 　适用于所有施工作业； ● 第五部分：民事责任问题
条例适用	CDM 2007 适用于所有建筑工程，包括那些无需申报的工程，从小型扩建到类似希思罗机场 5 号航站楼这样的大型项目
向健康和安全执行机构申报 （HSE）	如果符合以下条件，项目需要申报 ● 工程预计持续 30 个工作日以上，或 ● 预计工程将涉及超过 500 个用工天数。 如果该项目是针对国内客户的，则不必通知 HSE，但这些规定仍然适用
责任人	"条例"第 1 部分命名关键责任人 ● 客户端； ● 设计师； ● 主承包商； ● 承包商； ● CDM 协调员（取代根据 1994 年条例命名的规划主管）

客户职责	**所有施工项目** ● 对以下人员能力的满意度： 　—CDM 协调员 　—设计师 　—主承包商 ● 及时向指定的设计师和承包商提供所有相关的施工前信息； ● 确认有适当的管理安排，以确保： 　—所有的施工工作安全地进行 　—福利安排是适当的 　—所有结构均符合 1992 年工作场所（健康，安全和福利）条例 ● 为项目的所有阶段预留足够的时间和资源，包括在进行现场施工前，为主要承包商提供足够的动员期
客户附加职责	**应申报的项目** ● 在初步设计开始后（RIBA B / C 阶段），在可行的情况下尽快指定 CDM 协调员（CDM-C）； ● 指定一名主承包商； ● 确保施工阶段不会启动，除非有适当的福利安排，并且有适当且充分的施工阶段计划； ● 向 CDM-C 提供有关健康的所有必要信息和安全文节； ● 保留并提供健康和安全文件的访问权限。 **注：** ● 在 CDM-C 失效或推迟时，客户默认为 CDM-C； ● 所有任命必须以书面形式进行； ● 客户签署 F10（HSE 通知单）；以前是由规划主管和承包商签署 ● 客户不能再指定客户代理
设计师的职责	**所有建设项目** ● 确信他们有能力履行职责； ● 在客户意识到自己的职责之前不要开始工作； ● 避免设计中可预见的风险并消除危险，以确保任何人构建、维护或使用设计结构时的健康和安全； ● 在设计时考虑《工作场所（健康、安全和福利）条例 1992》第三条； ● 提供有关设计、施工或维修的信息，以协助客户、其他设计师和承包商
设计师附加职责	**须申报的项目** ● 在 CDM-C 被任命之前，不要超出最初的设计工作（RIBA 工作阶段 B / C）； ● 采取一切合理措施提供足够的信息来协助 CDM-C

续表

主承包商的职责	**所有建设项目** ● 确保客户了解他们的职责并已经任命了 CDM-C； ● 与其他承包商联络，计划，管理和监督施工阶段； ● 准备，制定和实施书面计划和现场规章制度； ● 为承包商提供计划的相关部分； ● 确保从一开始就提供适当的福利设施，并进行维护； ● 核查所有被任命人的权限； ● 确保向所有人提供信息，指导和培训； ● 咨询员工； ● 与 CDM-C 就设计进行联络； ● 随时确保施工场地安全
CDM 协调员的 职责（CDM-C）	● 给客户提供适当的建议和充分的帮助； ● 确保在施工阶段的规划和准备过程中，为健康和安全措施的协调作出适当的安排并实施； ● 与总承包商就健康和安全计划的内容，准备施工阶段计划所需的信息，并与可能影响施工工作规划和管理的任何设计开发进行联络； ● 收集施工前信息，并以方便的形式及时提供给设计师、总承包商和指定的承包商； ● 在设计阶段，确保设计人员与主要承包商在设计变更方面的合作； ● 在施工阶段结束时，准备健康和安全文书并传递给客户； ● 确保使用表格 F10 向 HSE 通报项目。此通报必须由客户签字
承包商的责任	**所有建设项目** ● 业主不履行职责的，不得开展施工； ● 计划、管理和监督本单位或其控制下的施工工作，确保施工不会对健康和安全构成威胁； ● 确保他们任命的承包商在开始施工前获知他们的规划和准备的最短时间； ● 向施工人员提供信息和培训，包括现场指导； ● 编制场地规则； ● 除非场地安全，否则不得开始施工
承包商的额外 职责	**须申报的项目** ● 不得进行施工的项目，除非： 　—CDM-C 和主要承包商已被指定 　—CDM－C 已被授予与施工阶段计划相关的部分，这与他们所要完成的工作有关 　—项目已通知 HSE ● 应向总承包商提供以下信息： 　—可能影响从事施工作业的任何人的健康或安全情况，或可能受其影响的任何人的健康或安全情况

续表

承包商的额外职责（接上表）	—可以证明对施工阶段计划的审查 —已被确定列入健康和安全档案 ● 向主承包商确定他们为项目指定的任何承包商； ● 遵守主承包商的任何指示和任何现场规则； ● 承包商应根据《1995 伤病、危险和事故发生条例》向总承包商提供有关死亡、伤害、状况或危险事件的信息； ● 确保施工工作按照施工计划进行； ● 在任何情况下，若不能遵守施工计划，采取适当措施确保健康和安全； ● 通知总承包商任何需要修改或添加施工计划的部分
所有权人的职责	● 检查自己的能力； ● 相互合作以确保以下方面的健康和安全： —进行施工的人员 —其他可能受施工影响的人 —最终用户 ● 报告主要风险； ● 在履行职责时考虑并应用预防原则
起诉	不遵守健康与安全法规是一种刑事犯罪。根据 CDM 2007，法院可以判处的最高刑罚是： ● 无限制的罚款； ● 两年监禁

来源 / 版权：2007 年施工（设计和管理）法规有关更详细的信息，请参考相关规定。

3.12　机场附近的种植和水体——减少对航空的危害

相关机构 / 部门	民航局 机场运营商协会 通用航空意识委员会 国际机场协会
相关指南	民用航空出版物 772《场鸟类风险管理》，2008 年。（即将印刷的时间，但将于 2013 年更新 – 欲了解更多详细信息和更新，请访问民航局网站 www.caa.co.uk）
咨询	● 机场可以向规划机构提交"保护地图"，指示从机场中心到半径 13km 的一个区域； ● 机场周边 13km 范围内的航空危害因素，需向机场进行咨询

续表

鸟击危害	• 园林绿化会通过提供觅食地，筑巢和栖息地而吸引到鸟类； • 水景为鸟类创造了广泛的可利用栖息地。其中包括加强现有的湿地或水道，或创造新的湖泊，排水渠道，平衡池塘，SUDS（可持续城市排水系统）等； • 危险鸟类包括形成大型栖息或群居的鸟类（椋鸟、鹈鸟、木鸽、鸽子、雀或鸦）、被开放水域吸引的动物（鸭子、海鸥、涉禽、鹭鸟、黑猩猩、摩尔根和鸩鹚）以及可能从附近的水域或园林中迁移到机场并可能导致鸟类袭击（天鹅、苍鹭、鹅）的物种
景观方案产生的重大危害	• 密集的植被可能成为椋鸟、白嘴鸦、啄木鸟和其他航空危险鸟类的栖息地； • 可以提供水果和浆果等冬季食品的树种，为大群椋鸟，野鸡和红雀提供食物，也可以移动到邻近的机场，供无脊椎动物食用； • 大型的水面或水道，吸引海鸥和其他水鸟，当它们在现有的水域和新的地点之间飞行时，引起机场上空和周围鸟类活动增加
保护策略	如果在机场 13km 范围内的拟开发项目有可能吸引危险鸟类物种，开发商将被要求进行鸟类危害评估并修改提案以减轻风险。这可能包括鸟类危害管理计划。CAP772 提到，景观美化方案从较小的区域吸引较小的鸟类密度，并且与填埋场，污水处理厂和湿地等开发项目相比，增加鸟类撞击风险的可能性较小。因此，在机场 6.5km 范围内，除了湿地和椋鸟栖息地之外，大多数景观开发项目的鸟类吸引力和潜在鸟类风险将被控制
水果、浆果和栖息地	由于食物供应或栖息 / 筑巢潜力而对鸟类有吸引力的植物物种： • 小檗属（小檗）　• 冬青 • 党参　• 欧洲花楸（花楸） • 单子山楂（山楂）　• 十大功劳 • 桃叶珊瑚　• 欧洲野苹果 • 醉鱼草　• 荚蒾 • 紫珠属（紫珠）　• 白珠树 • 木瓜　• 李属（野樱桃） • 臭牡丹　• 火棘 • 假叶树　• 橡树 • 瑞香　• 漆树 • 卫矛　• 醋栗 • 山毛榉　• 狗蔷薇 • 欧洲白蜡树　• 接骨木 • 金丝桃（圣约翰草）　• 茴芋 • 忍冬（金银花）　• 红果树 • 针叶树，尤其是幼林　• 紫堇（雪莓） • 红豆杉（紫杉）

减少景观的吸引力	• 消除最有吸引力的物种，减少数量和比例，或分散它们，使它们不形成群体； • 使用果实非浆果的品种，或仅使用雄株； • 保留山楂树篱，以限制浆果的产量； • 限制机场周边 4km 范围内的林地种植； • 消除机场 3km 范围内 20m 以上的树木种植，允许细化作为管理计划的一部分； • 制定草地管理政策
减少水景引起的危害	• 安装排水或重新分区以减少内涝危害； • 深度大于 4m，应尽量减少底部植被的生长； • 驳岸应较陡或接近垂直以限制植被，用篱笆防止鸟类进出水域； • 将水体形状简化为圆形或方形，以减少海湾、海角和岛屿；这减少了岸线和潜在筑巢地点的数量，尤其是加拿大鹅； • 安装网或电线以防止鸟类在水上起飞或着陆； • 水中不应该放养鱼类； • 周边——避免种植易于筑巢的茂密植被和牧草，应形成草木茂盛的环境； • 所有水体都被定位以确保所吸引的鸟类运动不与飞机冲突

来源 / 版权：民用航空局 CAP 772 航空机场风险管理（2008 年）

第 4 章　设计导则

4.1　尺寸数据

人

平均步行速度 80m/min

平均肩高 1310~1425mm

平均身高 1610~1740mm

平均水平视线高度 1505~1630mm

平均坐姿水平视线高度 1180~1230mm

平均坐姿高度 1290~1350mm

平均坐深 550mm

平均中指指尖上举高 1905~2060mm

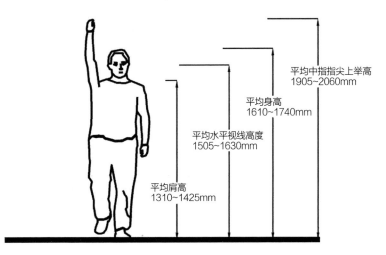

座凳

高位座凳——650~800mm，平均高于地面700mm

常规座凳——420~580mm，座凳的平均高度为450mm，建议其坐深至少500mm

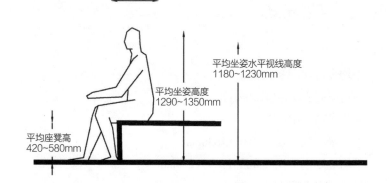

人员和设备的基本尺寸

典型轮椅的最小通道宽度	900mm
典型轮椅使用者的水平视线高度	960~1250mm
典型踏板车使用者的水平视线高度	1080~1315mm
典型轮椅使用者的坐姿高度	1300~1400mm
典型踏板车使用者的坐姿高度	1200~1450mm
典型轮椅使用者的膝高	500~690mm
典型轮椅使用者的坐高	460~490mm
典型轮椅使用者踝关节高度（手动）	175~300mm
典型轮椅使用者踝关节高度（电动）	380~520mm
脚支架底部高度	60~150mm
轮椅通过90°弯所需空间	1200mm × 1200mm
轮椅通过180°弯所需空间	1600mm × 2000mm

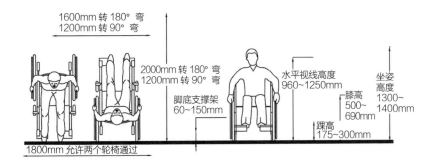

步道和小径

无障碍人行道建议最小宽度	2000mm
无障碍人行道最小宽度	1500mm
公交车站建议宽度	3000mm
商店建议宽度	3500~4500mm
障碍物的绝对最小宽度（最大长度 6m）	1000mm
棍棒使用者的最小路径宽度	750mm
双拐使用者/助行架使用者的最小路径宽度	900mm
长手杖使用者/成人辅助犬使用者的最小路径宽度	1100mm
成人和小孩的最小路径宽度	1100mm
成人及辅助者的最小路径宽度	1200mm
允许两个轮椅使用者舒适通过的宽度	2000mm
人行道上方的通畅高度	2300mm
建议人行道坡度	1：50

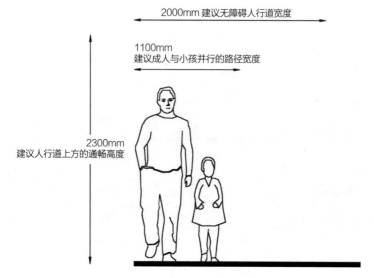

骑行

平均骑行速度是 12km/h 或 200m/min

自行车平均长度 1.9m，宽度 560mm，高度 1070mm

在自行车上骑行的人平均宽度是 750mm

骑行人所需的最小净空高度为 2.4m，建议 2.7m

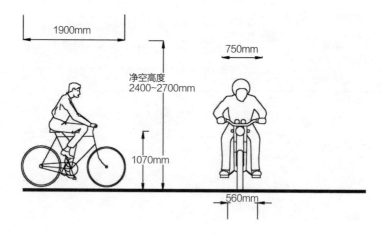

自行车停放

自行车架中心间距宜为 1000mm，可存放两辆自行车。在空间有限的情况下，可以使用绝对最小值 800mm。最外面的支架应距离支架端部和平行壁之间最小 550mm。

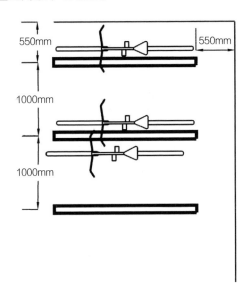

骑马

合适的路径宽度取决于坡度、地面条件和表面光洁度，但建议最小宽度为 2.3m，可供行驶的路径的绝对最小宽度为 0.5m。

骑行者所需的最低高度至少距离地面 2.55m。

骑行者所需的最小净空高度为 3m，3.7m 为宜。

摩托车

平均长度 2250mm，宽度 600mm，高度 800mm。

停放摩托车的空间建议为每辆摩托车 2000×800（mm）。若考虑道路安全，则应将其设置在地平面以上 600mm 处。

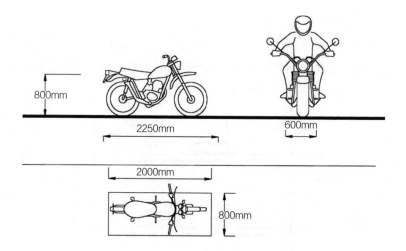

汽车

车辆通行

允许两辆车同时在视野良好的直线行车道上舒适通行的宽度：

- 5.5m

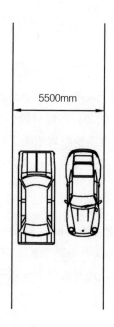

进入停车位所需的机动空间要求通常是，

一个停车位宽 2.4m：

- 90° 停车——6.0m 宽度；
- 60° 停车——4.2m 宽度；
- 45° 停车——3.6m 宽度。

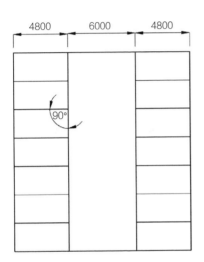

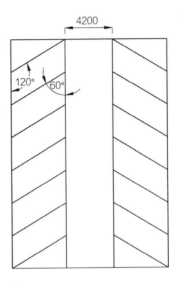

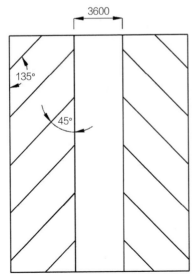

停车位

The DfT Traffic Advisory Leafl et 5/95 和 BS 8300 提供了残疾人车停车位设计的详细指导。

最低 / 标准的路边停车位	4800mm × 2400mm
残疾司机的街道停车位：	
与道路平行的停车位	最小为 6600mm × 2700mm（宜为 3600mm 宽）
与道路成一定角度的停车位	最小为 4200mm × 3600mm
残疾司机的路边停车位：	
最低的街道停车位额外的空间如下	4800mm × 2400mm
停车位平行过道并从侧面进入停车	如上所述，另外还有 1800mm 的长度
垂直于通道的停车位	如上所述，在车辆进入端每边增加 1200mm 的安全区域

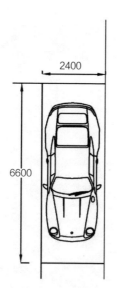

平行于道路的侧方位停车位

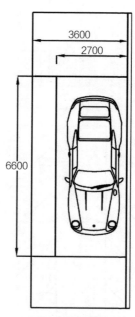

平行于道路的停车位

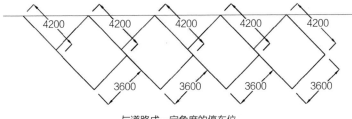

与道路成一定角度的停车位

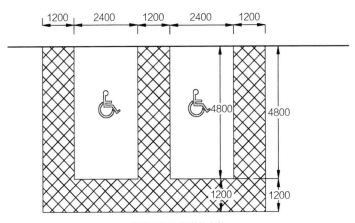

残疾司机的街道停车位

停车场

在停车场所提供设施的 50m 范围内，应提供残疾人的停车场，并设置水平或斜坡通道（首选坡度为 5%）。

路边停车位中残疾停车位的最小建议数量	
现有就业场所的停车场	总停车容量的 2%，至少有一个空间。这必须是上述建议的额外部分
新的就业场所停车场	总停车容量的 5%，包括员工和游客
购物，娱乐和休闲设施	每个残疾员工至少有一个空间加上访问残疾司机的总人数的 6%

续表

火车站（铁路局建议）:	• <20 车位：至少有一个预留车位； • 20~60 个车位：至少有两个预留车位； • 61~200 个车位：容量的 6% 加上至少三个预留车位； • 超过 200 个车位：容量的 4% 加上四个预留车位

来 源 / 版 权: Additional information available from: DfT, Inclusive mobility. A guide to Best Practice on Access to Pedestrian and Transport Infrastructure, 2005

231

4.2　感官、交流与空间

人们通常以每小时 5km（3 英里）的速度行走。人的感官适应这种情况。

感官	距离				
	0~100m	20~25m	30m	70~100m	500~1000m
视觉	这是社会交际的视野。有可能看到其他人	有可能感知到另一个人的面部特征和面部表情	可以看到面部特征	有可能确定年龄、性别和活动，并识别认识的人	可以确定其他人的存在，这也取决于照明和他们的活动程度
听觉	7m 内	35m 内	超过 35m	超过 1000m	
	可以用相对少的细节进行对话	交流是可能的，但很难进行交谈	有可能听到有人喊，但很难理解	只能听到很大的噪声，如飞机、爆炸等	
嗅觉	1m 内	2~3m	超过 3m		
	有可能体验到微弱的气味	有可能体验到更强烈的气味	只能察觉到更强烈的气味		

更多信息可以参考: *Life between buildings, Using Public Spaces* by Jan Gehl, 1987, English translation. First published, Livet Mellum Husene, Arkitektens Forlag, 1980, Springer Science and Business Media

4.3 步行街区

步行

以下的指导方针规定了便于步行的设计参数，这有助于阻隔汽车并促进步行街区的使用。距离设定为没有重大障碍的情况下，如繁忙的道路或铁路线。

设施	距离（m）	步行时间（min）
邮箱或电话亭	250	2~3
报刊亭	400	5
当地的商店、公交车站、保健中心	800	10
当地公园	250~400	3~5

广泛使用的标准是混合社区的覆盖半径为 400m，相当于约 5 分钟的步行路程，面积大约 50hm^2。

公共交通

下表列出了不同类型的公共交通工具每站停车的理想服务区域，基于每公顷至少 80 人的密度，每个公共汽车站服务区域为 2000 人。每公顷 100 人，每个公共汽车站服务约 2500 人。每公顷 80 人以下的密度可能对运输供应商没有吸引力。

交通类型	小型公共汽车	公共汽车	导向巴士	轻轨	铁路交通
站台间隔（m）	200	200	300	600	1000+
走廊宽度（mm）	800	800	800	1000	2000+
每站容纳量（人数）	320~640	480~1760	1680~3120	4800~9000	24000

行人过路处和交通流量

- 每小时可达 500 辆的街道（双向），行人可以轻松过马路；
- 每小时 500~1000 辆（双向）的街道，行人需要在特殊的时机穿越马路；
- 每小时超过 1000 辆车流量意味着行人必须在指定区域等待过马路。

来源 / 版权：*Urban Design Compendium 2000*, Homes and Communities Agency

234

4.4 创造积极的户外空间

积极的临街空间为街道增添了活力、生机和趣味。下表提供了根据积极的临街空间数量来判断设计性能的标准。A 级是理想和最活跃的临街面。积极的临街空间意味着有很多门窗、很少白墙，狭窄的临街建筑物带来垂直韵律的街景，建筑外立面与门廊等投影的结合，给人一种受欢迎的感觉，并且使内外空间要素交融延伸。

积极建筑外空间导则

A 级外空间	
<ul><li>每 100m 超过 15 处；</li><li>每隔 100m 有 25 个以上的门窗；</li><li>宽阔的临街面</li></ul>	<ul><li>没有黑暗的或消极的外立面；</li><li>建筑表面有许多浮雕；</li><li>高品质的材料和细节</li></ul>
B 级户外空间	
<ul><li>每 100m 10 到 15 个房屋；</li><li>每 100m 超过 15 个门窗；</li><li>适度范围的临街</li></ul>	<ul><li>少许黑暗和消极的外立面；</li><li>建筑物表面的一些深度和造型；</li><li>标准材料和细化的细节</li></ul>
C 级户外空间	
<ul><li>每 100m 6~10 个房屋；</li><li>一些临街的范围</li></ul>	<ul><li>少于半数的黑暗或消极外立面；</li><li>建筑物表面有少许造型；</li><li>标准材料和少量细节</li></ul>
D 级户外空间	
<ul><li>每 100m 3~5 个房屋；</li><li>几乎没有功能空间</li></ul>	<ul><li>主要是黑暗或消极的外墙；</li><li>平坦的建筑物表面；</li><li>几乎没有细节</li></ul>

续表

E 级户外空间	
● 每 100m 1~2 个房屋； ● 没有功能空间	● 主要是黑暗或消极的外墙； ● 平坦的建筑物表面； ● 没有细节和可观赏的地方

这种设计性能可用于评估现有情况或确定新街道的要求。

来源 / 版权： *Urban Design Compendium*, 2000, Homes and Communities Agency

4.5 步道和坡道

235

山姆的愉悦感突然消失无踪。

关于"平等法"的说明

取代了以前的所有平等法（例如"the Disability Discrimination Act"）的"the Equality Act 2010"没有相关的尺寸规范，但是有许多很好的实践指导方针。

满足残疾人使用需求的建筑物设计方法——实践规范，BS 8300：2009 + A1：2010，对步道和坡道的设计提供了详细的设计指导，下面为相关总结。

步道

每个楼梯段的最小踏步数 注意：应避免单数踏步，因此在两步或更多级别变化的地方，应将其视为带扶手和楼梯特征的梯段	3
每个楼梯段的最大踏步数 每个楼梯段的踏步数量应尽可能均匀	20
建议踏步高度	150~180mm
建议踏步宽度	300~450mm
建议在墙壁，栏杆或立柱之间的楼梯宽度	1200mm
扶手之间的宽度不应小于	1000mm
扶手之间的宽度不应超过	2000mm
在踏面和踢面上用耐久性材料识别圆边	踏面 50~65mm 踢面 30~55mm
最大横向坡度	1：50
顶部和底部平台	其长度不得小于每个（阶梯顶部和底部标有危险警告的）楼梯表面宽度

注意：
应有扶手。

坡道

坡度大于 1：20（5%）的坡道为斜坡。斜坡的设计建议符合以下要求。

斜坡的限制

墙壁、立柱、路缘之间的坡道的最小表面宽度	1500mm
扶手之间的宽度应为	不小于 1000mm 且不超过 2000mm
建议坡度	各机构和国家的指导方针普遍认同最大应该采用 1:12（8%），建议 1:20（5%）
关于坡度和坡道长度的一般经验法则	1:12 超过 2m 最大上升高度 1:12 超过 2m 166mm 1:13 超过 3m 230mm 1:14 超过 4m 285mm 1:15 超过 5m 333mm 1:16 超过 6m 375mm 1:17 超过 7m 411mm 1:18 超过 8m 444mm 1:19 超过 9m 473mm 1:20 超过 10m 500mm
顶部和底部平台	坡道宽度至少为 1500mm，每个坡道顶部和底部都有危险警告表面
中间平台	长 1500mm
最大横向坡度	1:50
边界保护	两侧至少有 100mm 高的连续立柱，应在视觉上形成鲜明对比，并带有扶手

注意：
斜坡或阶梯的合适宽度以及相关的平台设计，取决于使用人数及其被使用的程度。基础交通设施可能需要不同的设计方案。

来源/版权： Design of buildings and their approaches to meet the needs of disabled people-Code of practice, BS 8300: 2009 + A1: 2010

在需要坡道的地方，除建筑物或公共事业机构的通道外，地形坡度更陡的地方，建议采用以下坡度和长度。

坡度	采用/最大长度
1:20	建筑物或公共事业机构入口通道的最大坡度
1:12	婚礼仪式路径的理想最大坡度（小部分为 1:7）
1:20~1:16	最大值 240m

续表

坡度	采用 / 最大长度
1：14	最大值 120m
1：12	最大值 90m
1：11	最大值 60m
1：10	最大值 30m
1：9	最大值 15m

注意事项：

- 坡道长度超过 15m，需提供休息设施；
- 任何道路的最大坡度不应超过 1：40（2.5%）；
- 在有轮椅通道的路径上，应使用 1：25~1：50 的弧形横坡，而不是横向坡度；
- 在坡度为 1：60~1：20 的路段上，道路平面高程每升高 500mm 会有助于无障碍通行；
- 斜坡上每 750mm 垂直爬升的坡度应大于 1：20。

4.6 护栏和扶手

坡道和楼梯的扶手

在坡道两侧或台阶上都应设置扶手。

步道和坡道的扶手

圆形截面直径	32~50mm
非圆形（椭圆形）部分	50mm 宽 ×39mm 深，圆角边缘半径至少 15mm
与墙的间隙	50~75mm
与坡道或步道边缘的最大距离	100mm

续表

超出坡道或步道起止的部分	300mm，并以避免衣服等被夹住的方式终止
斜坡表面或楼梯间距线以上的扶手顶面高度	900~1000mm
道路水平面上方的扶手顶面高度	1100mm
供公众使用但主要为儿童设计的扶手其顶部应有第二扶手	距离坡道表面或楼梯间距线 600mm

来源 / 出版：Design of buildings and their approaches to meet the needs of disabled people – Code of practice, BS 8300: 2009+A1: 2010

护栏

在有坠落危险和垂直高度超过 600mm 的地方应提供护栏以防止跌落。防护设施的建造应满足 100mm 的球体不能穿过任何开口的条件。

建议护栏高度

位置	护栏距地面高度
外部阳台和屋顶边缘	1100mm
楼梯和坡道	900~1000mm
马用的桥的扶手	1800~1500mm（取决于下面高度）
骑行者使用的桥梁上的扶手	1400mm
在人行道两边或横跨人行道的护栏	1100 或者 1200mm
视力不佳的拐杖使用者和轮椅使用者用的敲击铁轨	150mm 竖柱

更多信息来源：Design of buildings and their approaches to meet the needs of disabled people – Code of practice, BS 8300: 2009+A1: 2010

4.7　触感块材和警示铺面

在英国推荐使用的触感块材有七种类型。一些指导性文件、标准和准则提供了一致性指导。15209：2008（发展草案）取代 BS 7997：

2003 的黏土和石材生产的触觉铺面指标，并规定了触觉材料的建造标准，但不被视为英国标准。

以下总结了 DfT 2005 给出的指导。

七种公认的触感块材是：

- 发泡表面；
- 圆条形凸起表面；
- 街道外侧平台边缘；
- 街道内侧平台边缘；
- 独立的自行车道 / 中间被分隔的步行道；
- 路径引导；
- 附带信息的表面。

以下提供了两个最常用的触觉表面的指导和应用的总结。

发泡铺装	
用途	在没有设立路缘或路缘小于 25mm 的情况下提供警告，以区分人行横道处的人行道和车行道
适用情况	在有控制和无控制的交叉口，人行道和车行道处于同一水平高度时
侧面	平行的水泡排；直径 25mm，高 5mm，中心距 64~67mm
颜色	在受控制的交叉口用红色；在不受控制的交叉口用除红色外的抛光或其他与周围环境形成鲜明对比的颜色
铺设——有控制的交叉口	在有控制的十字路口处，路缘坡在进行的直线方向，触感块材应铺设至 1200mm 的长度。在其他有控制的交叉口处，应铺设 800mm 的长度。触感块材应覆盖路缘坡的整个范围。触感块材横跨路缘坡的后沿部分应该与交叉口方向成直角。如果后沿部分与路边不平行，那么触感块材的铺设长度不应小于 800mm。1200mm 长的铺面杆应从按钮控制箱旁边的交叉点向后延伸，并与行进方向一致
铺设——无控制的交叉口	在路口附近不受控制的十字路口处，触感块材应在交叉口嵌入 400mm 长，覆盖整个路缘坡。交叉口在行人行进的直线方向，长度应为 1200mm。后缘应该与交叉口方向成直角。在路缘坡上嵌入触感块材时（在岔路），不应位于半径范围内，而应距半径的末端约 1000mm。在远离路口的无控制交叉口，应该铺设 800mm 长的发泡表面

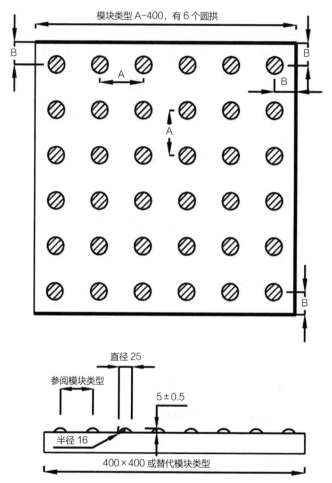

发泡表面的平面图和侧立面图

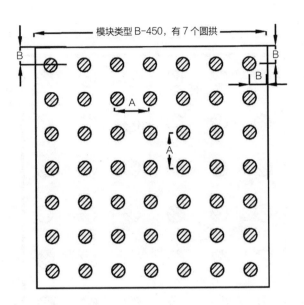

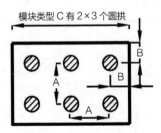

模块类型	尺寸	细部尺寸	
		A	B
A	450 × 450	64	33
B	400 × 400	66.8	33
C	200 × 133	67	33

圆条形凸起表面

用途	提供特定危险的警告：台阶、道路交叉口，靠近轻轨快速交通站台或人行道与交通道口连接处
位置	安置在台阶的顶部和底部、通往轻轨快速交通站台的坡道底部（不包括其他坡道），道路交叉口、可随意到达铁道交通站台的地方、人行道并入混合交通道的地方（例如骑行 / 行人）。 安置覆盖整个楼梯，并在每边延伸 400mm 的宽度。 在距离台阶前缘 400mm 处安装 800mm 的警示带。 安置 400mm 的长度足以使行人意识到即将上台阶
轮廓	在行人行进方向横向铺设圆条形凸起，圆条高 6mm，宽 20mm，中心间距 50mm
颜色	应与周围环境形成鲜明对比，但不能是红色
铺设	应使圆条形凸起横向全覆盖铺设在行进方向上，表面应该跨过整个宽度并加上顶部和底部每边 400mm，横跨斜坡的全部宽度（仅在斜坡的底部），横跨交叉口处的人行道，横跨无保护措施的铁道交通站台入口。 警告台阶的表面应从距离第一步开始 400mm 处开始

建议铺设长度

台阶顶部和底部——在行进方向上	800mm
台阶顶部和底部——不在行进方向上	400mm
步行坡道	800mm
有障碍物的道口	400mm
无障碍物的道口	800mm
无保护措施的铁道交通站台入口	800mm

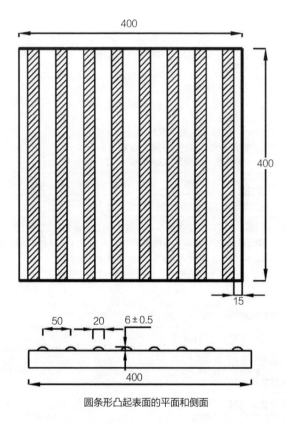

圆条形凸起表面的平面和侧面

来源/版权: Inclusive Mobility. A guide to best practice on access to pedestrian and transport infrastructure, 2005, DfT; Guidance on the use of tactile paving surfaces, 1998,Department of the Environment, Transport and the Regions and The Scottish Office, DfT.

4.8 自行车道设计

越野自行车道设计和施工清单

宽度	2~3m，2.5m 最佳
坡度	一般不超过 1：35~1：20，短坡道（不超过 1.5m）可以是 1：12
拐角	曲率半径至少为 6m 的圆角
拱曲度 / 横向坡度	最大 1：35
路径表面	坚硬而坚固，没有松散的石块
边缘	取决于地势和构造
构造	100~150mm 基层（取决于地面条件）表面——50~60mm 碎石料、棘豆、碎石或类似
顶部空间	高于地面 2.4m
表面间隙	与行进方向成直角，格栅，板，格栅最大 12cm 的间隙
灯光	只有在出于安全原因需要的情况下使用，例如城镇中的人工路径
标识	使用最小的适当标志，避免混乱。标志放置在路径之外，与周围的颜色形成对比
道路障碍	控制访问，以防止未经授权的访问。避开障碍骑行者需要下车。高 1.2m，偏移距至少 1.2m
隔离限制	确保宽度至少 1.2m
路缘和交叉口	坡度最大为 1：12，缓冲区 1.2m
隔离行人	如果每小时流量超过 100 辆自行车

参考：Sustrans publications Making Traffic Free paths more accessible and Making Ways for the bicycle for further detailed information

4.9 游乐场及游乐场设施

相关的 EN1176

第 1 部分：一般安全要求和测试方法；

第 2 部分：秋千的特定安全要求和测试方法；

第 3 部分：滑道的特定安全要求和测试方法；

第 4 部分：跑道的特殊安全要求；

第 5 部分：旋转木马的特殊安全要求；

第 6 部分：摇摆设备的其他特殊安全要求；

第 7 部分：安装，检查，维护和操作指南。

EN1177 游乐场的冲击性能

安全要求和测试方法

EN1176 和 EN1177 为游乐区设计者和游乐设备制造商提供了很好的参考。这些欧洲公认的标准目前并不是一项法定的要求，并不能保证一个完全安全的游乐区，然而人们普遍认为此标准是儿童户外游乐设计中的一个很好的实践，应该普及。

EN1176 和 EN1177 标准是可以被阐释的；游乐区的提供者、设计者和制造者可以对同一标准有不同的阐释。

游乐场的位置

远离危险区域，例如：

- 高架电线；
- 主要道路；
- 隐藏或隐蔽的地方；
- 铁路线；
- 水道。

设备选择

- 新设备应符合欧洲标准，并符合 EN1176 标准。所有安装的设备都应该配备带有产品相关信息的识别标签；
- 在确认订单之前，制造商或供应商应提供证明／复印件。

自然特征

自然元素可以帮助创造出成功的游戏空间。如：

- 圆圆的巨石；
- 水；
- 倒下的树木；
- 种植；
- 草堆和水平的变化。

在设计一个具有自然元素的游乐场时，进行风险评估是一个很好的做法，这个评估是评估潜在的伤害风险与拟建要素的好处之间的平衡。游乐区不应该是无风险的，应该通过风险—效益过程来管理风险。这种方法由 HSE 和 RoSPA 支持。

面层

- 结合橡胶湿浸／覆盖；
- 松散的填料，沙子或木屑；
- 玩乐沙；
- 玩乐沙（粗沙）；
- 橡胶草垫；
- 草场，可以根据风险评估和现场条件提供 1.5m 的高差。

供应商应提供经过 EN1177 测试的铺面。对于设备要求的或供应商建议的降落高度，它应该具有所要求的临界坠落高度属性。应提供测试证书。

所有游乐场设备供应商应提供有关安全铺面尺寸和深度的信息。

设计

自由空间和坠落空间

- 坠落空间具有基于设备最大自由落体高度的影响区域，这些可以重叠；
- 用于设备强制移动的自由空间，例如滑梯或秋千，不得相互重叠或与相邻的坠落空间重叠（计算坠落空间和自由空间请参考 EN1176）。

防止在自由空间中受伤

- 自由空间中不允许有障碍物；
- 交通不应穿过自由空间；
- 自由落体高度不应超过 3m；
- 坠落空间没有障碍物；
- 落差高度为 1m 的平台需要有缓冲；
- 自由落体高度的缓冲性应足够。

所有游乐场制造商应提供有关设备的自由空间和落地空间的信息。

在游乐区内的环线

除了自由空间和下落空间之外，还应考虑环线空间。

这可以分为两个方面：

1. 通常从一台设备到另一台设备的儿童。所需空间取决于预期的用户数量。

2. 一般来说，建议两件静止设备之间至少应有 2.5m 的距离，自由落体高度不超过 600mm，摆动座椅与静态物体之间的距离不得少于 2.5m。

安装后

没有具体的法律要求提供检查，但是 HSE，BSI，保险公司和主要安全机构建议最好进行检查。定期检查建议：

- 安装后检查；

- 例行检查；
- 操作检查；
- 年检。

RPII 认证检查人员应签署和遵守行为规范，并负责公共责任和公共责任保险。

游乐场家具

符合 EN1176 要求的围栏和家具是很好的。

他们应该位于游戏空间内人流聚集及可达性高的地方。非正规的就座机会应被视为繁忙的游乐区的座位。垃圾桶和自行车架不应直接位于座位或入口旁边。

更多信息请参考： ROSPA's A Guide to the European Playground Equipment and Surfacing Standards, Association of Playground Industry's Guide to Playground Layout and Design, Play England's Making Space for Play, playengland.org.uk

4.10 校园设计指南

250

新的学校家具给小尼古拉带来了一种难受的优越感。

介绍	每个地方教育部门将根据这些标准制定自己的课程计划，然后将其反映在对幼儿园、小学、中学、特殊需求和联合社区学校的具体设计、布局和外部容量的要求中。 新建学校的外部空间设计需要咨询校长、教师和支持者、当地社区、学生、地方教育部门和管理部门的意见，也取决于场地条件的限制
相关导则	"景观教育"（Learning Through Landscapes）导则 "安全设计"（Secured by Design）导则 教育和技能部（DfES），即现在的教育部（DfE）所发布的全英通用的建筑公告中所规定的相关导则： ● BB 98 中学校园设计框架； ● BB 99 小学校园设计框架； ● BB 102 为残疾儿童和有特殊教育需要的儿童设计； ● 校园（校舍）规章； ● 特殊教育需要和残疾法案
幼儿园外部空间布局和功能	● 建筑外的附属遮蔽空间提供了全年户外玩耍的机会； ● 各类硬质表面（平台木板，厚石板，橡胶安全面等）； ● 各类游憩设施（覆盖的沙坑，垫脚石，可移动的游乐设施，野餐长凳，种植盆）； ● 各种软质景观要素（庭荫树、科普性或感官性植物种植）
小学/中学外部非正式区域	**社交、休闲区域的软质景观** ● 草坪上有遮阴的空间可供休憩交往； ● 倾斜的草地形成一个天然的露天剧场，为观众提供条件； ● 各类软质景观如小乔木、庭荫树、灌木、草地、洼地。 **社交、休闲区域的硬质景观** ● 硬质表面、隐蔽性空间可供休憩交往； ● 大面积硬质铺地可供更多的活动，包括非正规的游乐活动或体育比赛，正规化的安全游戏区或自然游戏区； ● 还包括屋顶游乐区或位于较高楼层的"游乐甲板"，这些区域供在密闭场所的学生使用； ● 场景家具——以容纳更大的户外学习团体，以及一些较小的私密空间和露天就餐区； ● 户外艺术，戏剧，舞蹈和运用一些硬质材料进行设计活动的机会。 **生境环境** 生境环境是教授广范围监管活动的宝贵资源。这一系列户外教室空间和设计包括： ● 草场； ● 野生动物栖息地（如池塘）； ● 修养花园； ● 户外科学区——包括鸟笼、鸟箱、堆肥箱、种植箱、沼泽园、草地区、不同生境类型的植物种植、感官植物种植类型、柳树拱门、座凳和工作台

有特殊需求和残疾的儿童	**居室和室外教室区** 直接通往外部区域的教室对于有特殊教育需要和残疾儿童非常有用。 ● 一个约 2.5m 深的有盖户外空间可以提供内外之间有价值的"过渡"空间； ● 一个户外教室的面积大约为 55~65m²； 咨询工作人员是必不可少的：一些因素会使学生分心或是平复学生。 可以通过提供以下设施来充实场地： ● 感官植物； ● 菜园和温室； ● 池塘； ● 自然小径。 儿童和工作人员可以参与到这些元素的建设中，这些也可以作为年龄稍长学生的专业课程的一部分。 **非正式的社交和娱乐活动** 不同类型的游戏应该有各种不同的场所，并且让儿童能够做出选择并参与不同的活动，包括： ● 硬质地面上跑步或踢球； ● 面向年龄稍长儿童，可在安全场地进行的冒险游戏； ● 行走训练区； ● 交往空间，设有方便坐下聊天的长凳或野餐凳； ● 与热闹活动相分离的适合独处的安静区域； ● 有荫蔽的区域。 感官刺激类游戏设备的类型和数量应与工作人员讨论
主要体育设施	**运动场** 适合 8 岁及以上学生的团体比赛，包括： ● 为学校首选团队游乐所用的冬季球场； ● 多功能的夏季球场，如 100m 田径跑道和田径比赛设施； ● 比草地应用更广泛的合成草皮球场或聚合物表面的全天候球场，尤其是在阳光照射下可以为社区提供全年不间断使用的运动场地资源。 **硬质比赛场地** 一个长宽超过 22m×33m 的包含网球场的多用途比赛场地
初中体育设施	**体育场地** 设置适合团队比赛的场地，包括： ● 能为学校首选的团队比赛提供冬季球场，如足球、橄榄球和曲棍球等； ● 多功能的夏季球场，如板球； ● 400m 的田径跑道和田径比赛场； ● 比草地应用更广泛的合成草皮球场或聚合物表面的全天候球场，尤其是在阳光照射下可以为社区提供全年不间断使用的运动场地资源。（根据这些导则和规范，全天候场地的面积可以计算两次，因为它们可以作为每周 7 小时以上的团队比赛所需的场地） **比赛场地** 在新建学校，硬质比赛场地区域应包括： ● 多用途比赛区，长宽超过 60×33（m）并包括三座网球场； ● 大型学校的网球场

续表

有特殊需要和残疾儿童的体育设施	许多孩子可以参加类似主流学校的团体游戏和其他活动。有些人会参加简单的比赛来培养投掷、追赶和跳跃的技巧。教育应该面向学校的儿童，其设施通常包括： ● 为 8 岁以上的儿童提供草地或人工表面的运动场地； ● 硬地比赛场地，如多功能比赛场、网球场和技能练习场
其他家具	● 垃圾桶； ● 重复利用储物箱； ● 避难所； ● 表演区 / 舞台
围栏高度	幼儿园和主要游乐区：高为 1.2~1.5m 的隔离植物 边界：为了保险起见，通常需要 2.4m 高
座位高度	幼儿园：280mm 小学：350mm 初中：450mm
座位总数	根据经验：设置数量为学生总数的 10%，其中可以包括椅子、野餐长椅，座椅

基于学生人数与年龄的游乐及运动场，最小面积计算方法

符合 DfES BB98，99 和 102 的最小面积	幼儿园（婴儿）	小学（5 岁~11 岁）	中学（11 岁~16/18 岁）
活动区域	$200m^2$+1 × 学生人数	$200m^2$+1 × 学生人数	$200m^2$+1 × 学生人数
硬质游乐区（社交和非正式比赛场地）	$400m^2$+1.5 × 学生人数	$400m^2$+1.5 × 学生人数	$400m^2$+1.5 × 学生人数
非硬质游乐区（社交和非正式比赛场地）	$800m^2$+2.5 × 学生人数	$800m^2$+2.5 × 学生人数	$800m^2$+2.5 × 学生人数
比赛场地（硬质）	$600m^2$+2 × 学生人数	$600m^2$+2 × 学生人数	$600m^2$+2 × 学生人数
体育场	不适用	8 岁以上：$7500m^2$	$10000m^2$+35 × 学生人数
有特殊需求学校的体育场	不适用	≤ 100 人：$2500m^2$ 101~200 人：$5000m^2$ 201~300 人：$10000m^2$	≤ 100 人：$5000m^2$ 101~200 人：$10000m^2$ 201~300 人：$15000m^2$
有限制的体育场	不适用	校外提供	校外提供

4.11 运动标志规范

小尺度球场

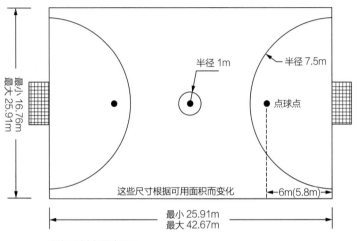

半径 1m

半径 7.5m

点球点

最小 16.76m
最大 25.91m

这些尺寸根据可用面积而变化

6m(5.8m)

最小 25.91m
最大 42.67m

学生尺寸在括号中显示

球门

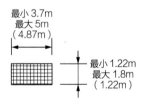

最小 3.7m
最大 5m
（4.87m）

最小 1.22m
最大 1.8m
（1.22m）

篮球场

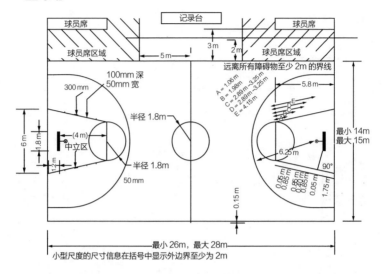

球员席　记录台　球员席

球员席区域　5 m　3 m　2 m　球员席区域

远离所有障碍物至少 2m 的界线

100mm 深
50mm 宽

300 mm

半径 1.8m

A = 1.06 m
B = 1.98 m
C = 2.89 m ~ 3.25 m
D = 2.89 m ~ 3.25 m
E = 4.15 m

5.8 m

6 m

1.8 m

(4 m)

中立区

1.2 m

半径 1.8m

50mm

6.25 m

最小 14m
最大 15m

90°

0.05 m
0.85 m
0.85 m
0.05 m

1.75 m

0.15 m

最小 26m，最大 28m

小型尺度的尺寸信息在括号中显示外边界至少为 2m

篮筐

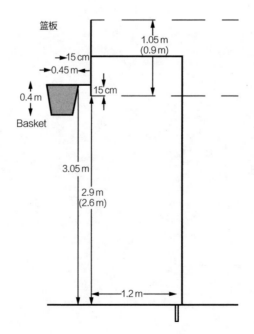

篮板

1.05 m
(0.9 m)

15 cm

0.45 m

15 cm

0.4 m

Basket

3.05 m

2.9 m
(2.6 m)

1.2 m

橄榄球

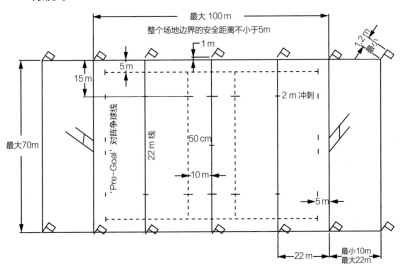

橄榄球球门

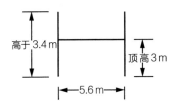

曲棍球

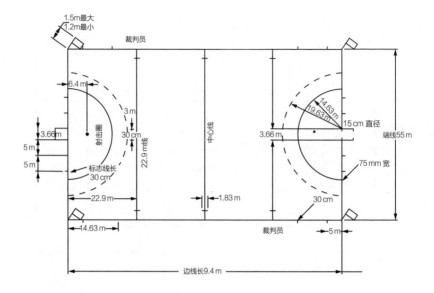

曲棍球球门

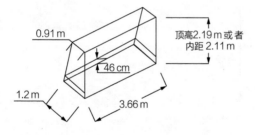

板球

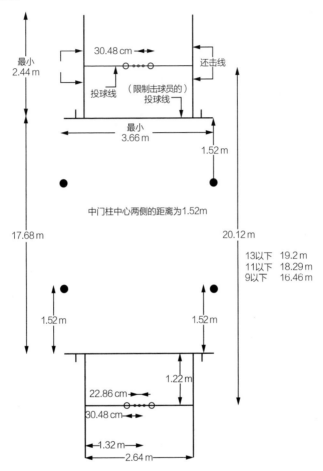

最小
2.44 m

30.48 cm

还击线

投球线

（限制击球员的）
投球线

最小
3.66 m

1.52 m

中门柱中心两侧的距离为1.52m

17.68 m

20.12 m

13以下　19.2 m
11以下　18.29 m
9以下　16.46 m

1.52 m

1.52 m

1.22 m

22.86 cm

30.48 cm

1.32 m

2.64 m

无挡板篮球

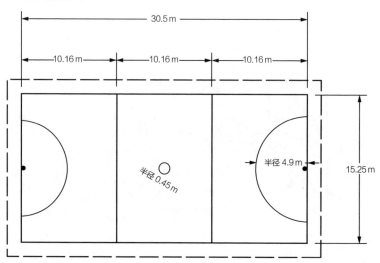

篮筐

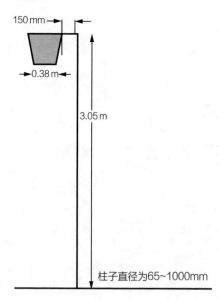

网球

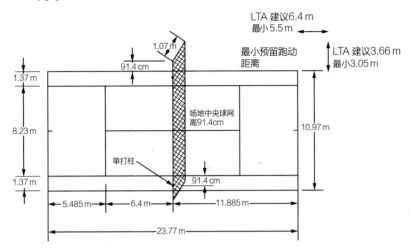

来源 / 版权: *Groundsman's Field Handbook* (909) Sportsmark Group Ltd.
www.sportsmark.net, Tel. 0208 560 2010

4.12 独立墙的建造

经验法则

以下为四个风暴区独立墙的最大墙高和最小基础宽度的经验法则。这里给出的有关高度和基础宽度的建议是一个限制值，若高于此限值，建议由合格的工程师进行设计检查以确保其稳定性。

关于经验法则的说明

风暴区划分以全英国的风速分布情况为依据。

局部风暴情况在不同区域条件下有差异。避风区域的典型是城市地区，或者是风被阻断的地区。暴露区域的典型是农村或开阔地区，那里没有树木或建筑物的遮蔽。

对于给定的暴露区域，我们可以从表中读出墙高（从最低的地面位置到最高的顶部或顶盖的测量值）和基础宽度的经验法则，其比较对象为普通的墙厚。在没有其他信息的情况下，可以根据经验法则确定中间厚度，以得到下一个最小厚度。

给出的数据是在该地点 1km 的半径范围内，平均坡度达 1/20 的情况。对于 1/10~1/20 之间的坡度，墙的高度应该减少 15%。

经验法则可能不适用于以下墙体情况：

- 邻近车辆出入口的地方，没有设置坚固的防撞护栏或其他保护措施；
- 在公共区域附近，可能会有人群压在墙上或儿童在墙壁周围玩耍。*
- 可能会有过度振动的区域；
- 靠近中等或高层建筑（四层以上），即与建筑物的距离等于建筑物的高度；
- 在山顶上或在广阔的山丘、山脉附近；
- 土壤基质柔软或不稳定；
- 如果地面的平均坡度大于 1∶10；
- 如果墙壁需要支撑一个大门；
- 如果墙壁两侧的地面高度差超过墙壁厚度的两倍；
- 在上述这些条件的情况下，应寻求结构方面的建议。

* 在这些情况下应使用加固设计。

英国风暴区

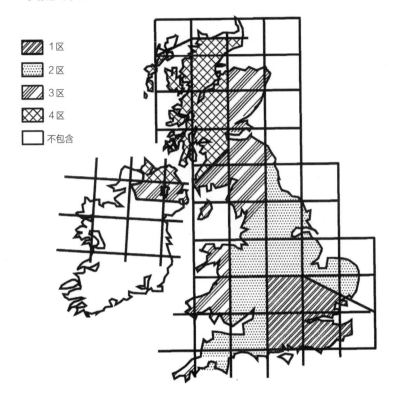

区域 / 墙壁厚度	避风		裸露	
	最大墙体高度（mm）	基础宽度（mm）	最大墙体高度（mm）	基础宽度（mm）
1 区				
砌砖				
半砖	725	350	525	375
一块砖	1925	525	1450	600
一个半砖	2500	525	2400	725

图例：
- 1 区
- 2 区
- 3 区
- 4 区
- 不包含

最大墙体高度和最小基础宽度

区域 / 墙壁厚度	避风		裸露	
	最大墙体高度（mm）	基础宽度（mm）	最大墙体高度（mm）	基础宽度（mm）
砌块墙				
100mm	625	300	450	325
200mm	1400	375	1050	450
300mm	2500	450	2000	600
2 区				
砌砖				
半砖	650	350	450	375
一块砖	1750	550	1300	625
一个半砖	2500	575	2175	775
砌块墙				
100 mm	550	300	400	350
200 mm	1275	400	925	450
300 mm	2425	525	1825	625
3 区				
砌砖				
半砖	575	375	400	400
一块砖	1600	575	1175	650
一个半砖	2500	650	2000	800
砌块墙				
100 mm	550	325	350	350
200 mm	1150	425	850	475
300 mm	2200	550	1650	650
4 区				
砌砖				
半砖	525	375	375	400

区域 / 墙壁厚度	避风		裸露	
	最大墙体高度（mm）	基础宽度（mm）	最大墙体高度（mm）	基础宽度（mm）
一块砖	1450	575	1075	650
一个半砖	2450	725	1825	850
砌块墙				
100 mm	450	325	325	350
200 mm	1050	425	775	500
300 mm	2025	575	1525	700

N.B.：已应用 2500mm 的高度上限。

变形缝

变形缝在墙的整体高度上连续并有如下间隔。为了横向稳定性，滑动连接（不锈钢）应设置在变形缝处以及独立墙与建筑物相邻的位置。

块 / 块类型	缝	从墙一端开始的第一个缝的位置
黏土	每 12m 使用宽 16mm 的变形缝	不超过 6m
硅酸钙	每隔 9m 对接变形缝	不超过 4.5m
密集的混凝土块	每隔 6m 对接变形缝	不超过 3m

来源 / 版权：Advice on free-standing walls is extracted from BRE Good Building Guide 14, Building Simple Plan Brick or Blockwork Freestanding Walls, IHS BRE Press, 1994, copyright BRE, reproduced by permission

267

4.13 水景和池塘

"那很好，弗兰克——尽管我希望有一些装饰……"

水体有三种主要类型：

1. 基于自然环境的湖泊；

2. 人工修建的仿天然的湖泊和池塘；

3. 规则式水体。

1. 基于自然环境的湖泊。位于自然谷地环境，其中的亚地层可以自然蓄水，也可以通过修筑水坝的方式来建造水库。水库通常是由工程师设计的。事实上，法律要求任何大型水景都需要工程师设计和认证。景观设计会涉及水岸线及驳岸的处理，包括美学和植物种植的建议。

2. 人工修建的仿天然的湖泊和池塘。使用垫层来进行修建，其中一部分在下面。在这种情况下，需要溢流或排水。

3. 规则式水体。都是根据功能要求设计的，并使用一些合适的材料来修筑垫层，通常是混凝土，因为它可以提供理想的美学效果。

垫层

下面有两种垫层及水景造景方式：

- 黏土铺设；
- 防渗层。

1. **黏土铺设**是一种传统的方法，但是需要大量劳动力。需要手工铺设最小 150mm 厚的黏土层。如果比较干燥，黏土容易破裂。

2. **防渗层**

- **混凝土**这种材料非常坚固，但会受极端温度的影响。对于大多数水景来说，混凝土需要加固。
- **丁基合成橡胶**（合成橡胶的一种形式）或层压垫层可以被模具制作成任何形状。它不受温度波动影响。因为具有可塑性，所以用于小型水景、湖泊和池塘。它也不受紫外线的影响。其生命周期长达 100 年。最好的丁基合成橡胶是 0.8mm，黑色，这使得深池的清晰反射特性得以增强。
- **蓝色层压 PVC** 将提供浅的视觉效果，对于小池塘来说很有用。
- **预成形的水池**是由树脂粘合的纤维或半硬质塑料制成的。
- **聚乙烯**的密度范围很广，价格相对便宜。高密度聚乙烯（HDPE）用于填埋、封盖以及修建大型水景。低密度聚乙烯（LDPE）用于要求更大的可塑性的湖泊垫层。
- **PVC 聚氯乙烯**常用于家庭中。与聚乙烯以外的其他材料相比，它的使用寿命稍短，只能小单位使用。高弹性，对酸、碱和醇有良好的耐受性。它在低温下会变脆，暴露在紫外线下会衰变。

水位控制

1. **处置和补充**

- **处置**。在小池中可以使用水箱。在较大的水景中，考虑到诸如水管和溢流等问题，需要使用水控装置；
- **补充**。根据具体情况，可能是以下任何一项：

——雨水

——总管道供给

——地表径流

——自然来源

2. 清洁和排空

池塘 / 湖泊 / 水景的处理方式将决定溢流管的位置。除为鱼类预留空间的情况，溢流管处于最深处。

3. 水循环

理论上说，当建立了一个平衡的生态系统时，自然平衡也会随之产生。但通常情况并非如此，因此需要通过机械辅助来提供氧并防止停滞。

瀑氧方法包括：

- 天然溪流或瀑布；

- 泵或喷泉——通过机械手段将氧气混合入水中，泵的规格取决于水的特征和大小，可以是浸没的，也可以是干燥的；

- 电动瀑氧机——连接到单个电源控制的独立装置；

　　——经验法则——泵需要 2 马力 / 平方英亩

　　——5m 以及更深的水池——底部扩散器

　　——较浅的水池——漂浮瀑氧器

- 喷泉瀑氧机可以增加美学价值，同时水面上的水滴溶解氧气，会形成波浪。

建议水景专家和土木工程师参与水景的设计和建造。

植物

植物对于池塘的生物平衡起着许多作用：它们给水供氧，遮蔽水面，帮助控制水温，为野生动物提供繁殖场所。

沉水或浮水的有叶植物

菹草(虾藻)	*Potamogeton crispus*
水马齿	*Callitriche sp.*
金鱼藻	*Ceratophyllum demersum*
毛茛	*Ranunculus sp.*
穗花狐尾藻	*Myriophyllum spicatum*
杉叶藻	*Hippuris vulgaris*
浮叶眼子菜 *	*Potamogeton natans*
欧亚萍蓬草 *	*Nuphar lutea*
白睡莲 *	*Nymphaea alba*

* 对环境变化的耐受度较高。

浅水植物

黄菖蒲	*Iris pseudacorus*
泽生苔草	*Carex riparia*
沼生水苏	*Stachys palustris*
藕草	*Phalaris arundinacea*
欧地笋	*Lycopus europaeus*
水甜茅	*Glyceria maxima*
千屈菜 *	*Lythrum salicaria*
黑三棱 *	*Sparganium erectum*
灯芯草 *	*Juncus sp.*
香蒲 *	*Typha latifolia*
水生酸模 *	*Rumex hydrolapathum*

* 不适合在小池塘内种植,因为这些植物繁殖力太强。

池塘边缘的沃土草本植物

西栖蓼	*Persicaria amphibian*
勿忘草	*Myosotis scorpioides*

甜茅	*Glyceria sp.*
水薄荷	*Mentha aquatica*
剪股颖	*Agrostis stolonifera*
泽泻	*Alisma plantago-aquatica*
豆瓣菜	*Nasturtium officinale*
曲节看麦娘	*Alopecurus geniculatus*
驴蹄草	*Caltha palustris*
块根芹	*Apium nodiflorum*
沼泽荸荠	*Elocharis palustris*
香菇草	*Hydrocotyle vulgaris*

酸性土壤的边缘植物

星莎草	*Carex echinata*
黑苔草	*Carex nigra*
灯芯草	*Juncus effusus*
灰株苔草	*Carex rostrata*
片髓灯芯草	*Juncus inflexus*
剪秋罗	*Lychnis flos-cuculi*
蓟	*Cirsium palustre*
勿忘草	*Myosotis secunda*
发草	*Deschampsia caespitosa*
香杨梅	*Myrica gale*
沼泽荸荠	*Eleocharis palustris*
松叶毛茛	*Ranunculus flammula*
沼生柳叶菜	*Epilobium palustre*
黄菖蒲	*Iris pseudocorus*
漂浮甜茅	*Glyceria fluitans*
沼泽堇菜	*Viola palustris*

续表

小花灯芯草	*Juncus articulatus*
尖花灯芯草	*Juncus acutiflorus*
沼泽婆婆纳	*Veronica scutellata*
球根状灯芯草	*Juncus bulbosus*
雀舌草	*Stellaria uliginosa*

4.14 标识系统

272

在对标识系统和印刷材料的设计方面进行了大量研究以后，我们将在下面总结出一般原则。它主要涉及与运输部分有关的标志。标牌可以与其他通信手段一起使用，例如触觉信息或听觉信息。

字母大小

基于不同的研究，已经产生了一套字母的推荐尺寸，它们与距离和视觉障碍相关。作为一般规则，建议字母高度应至少为消息读取距离的 1%，其最小高度为 22mm。如果空间允许，字母高度应大于 1%。总的原则总结如下。

"标识设计指导" ［ *Sign Design Guide* (2000) ］建议采用以下的文字尺寸：

距离	字符大小（mm）
远距离阅读，如建筑物入口 / 外部位置	至少 150
中等范围的阅读，如走廊中的方向标志	50~100
精密阅读，如壁挂式信息标志	15~25

来源 / 版权: *Sign Design Guide*, Peter Barker and June Fraser, JMU and the Sign Design Society, RNIB, London, 2000

符号大小

加拿大运输部的 TransVision 研究部门制作了关于观看距离和符号大小的表格如下。对于方形符号来说，对应着实际的尺寸大小；对于圆形和三角形符号来说，对应着名义上的尺寸大小。

距离（m）	符号尺寸（mm）
3~6	40
6~9	60
9~12	80
12~15	100
15~18	120
18~24	160
24~30	200
30~36	240
36~48	320
38~60	400
60~72	480
72~90	600

字体

一般建议表明，字体的下列属性更容易区分：

- 小写字母；
- 无衬线字体（sans-serif）；
- 阿拉伯数字；
- 宽高比在 3：5~1：1 之间；
- 笔画宽高比在 1：5~1：10 之间，最好在 1：6~1：8 的范围内；
- 水平字符之间的间距宽度，为字符宽度的 25%~50%；单词之间的间距宽度为 75%~100%；
- 行间距应至少为字符高度的 50%。

颜色对比

标志上的字符应与背景对比呈现：浅色背景上使用深色文字，深色背景上使用浅色文字。

标志应该有一个均匀的不光泽表面，并被一个均匀分布的勒克斯值在 100~300 之间的光照亮。布告牌应与其背景形成对比，以提升可视性。下表显示了相互协调的颜色关系。

标志颜色对比表（从 the Merseyside Code of Practice 转载）

背景	招牌	图例
红砖或深色石头	白色	黑色，深绿色或深蓝色
浅色砖或浅色石头	黑 / 深色	白色或黄色
白墙墙壁	黑 / 深色	白色或黄色
绿色植被	白色	黑色，深绿色或深蓝色
背光标志	黑色	白色或黄色

标牌定位

垂直平面上安装标牌的最佳观测值为：

- 视线垂直平面的 +/-30°；
- 水平方向从 90° 线的两侧至 20°。

包含详细信息（例如时间表，地图或图表）的壁挂式标牌应以离地面约 1400mm 为中心，底部边缘不低于地平面 900mm，顶部边缘高出地面 1800mm。应考虑在 1600~1700mm 的高处和 1000~1100mm 的低处复制详细的标志和说明，特别是安全通知，以便轮椅使用者能够近距离观看。

来源 / 版权：Department of Transport, Inclusive Mobility: A Guide to Best Practice on Access to Pedestrian and Transport Infrastructure, 2005

第5章 基本信息

5.1 景观工作流程

《景观顾问的任用》是由景观研究所发布的。2013年的新版在即将出版时采用草稿格式（有关更新，请参阅 www.landscapeinstitute.org）。下面列出的服务范围是从设计到施工，其中景观顾问是 A~L 一系列工作阶段中的合同管理员。

设计前期	
阶段 A	**服务范围** ● 向客户提供所需信息； ● 协助客户准备项目要求，包括简介、计划、财务、咨询和主要利益相关方； ● 进行现场或环境评估； ● 同意服务范围和收费基础； ● 同意 BIM（建筑信息建模）合规性级别
阶段 B	**可行性与设计概要** ● 安排地形等相关调研； ● 准备现场评估； ● 建议法定审批和股份持有人参与； ● 协助制定最终概要； ● 就采购方法、项目质量计划、项目和其他顾问的参与提出建议； ● 根据清洁发展机制条例向客户说明其职责
设计	
阶段 C	**概念建议** ● 制定概念设计方案； ● 提供初步预算情况

续表

设计	
阶段 D	**设计开发** ● 制定概念提案； ● 编制大纲规范和进度表； ● 与法定机构协商； ● 提供工程造价预算信息； ● 关于征求意见书、生态住宅、风险或健康和安全评估要求的审查建议
阶段 E	**技术设计 / 详细建议** ● 开发设计技术方案的材料、技术和标准； ● 更新施工成本预算信息； ● 法定审批的具体申请
施工前期	
阶段 F	**施工信息** ● 准备施工图纸、进度和规格； ● 更新施工成本预算信息
阶段 G	**招标文件** ● 提供有关编制定价文件，工程量清单和工程进度表的资料
阶段 H	**招标** ● 为承包商提供招标清单建议； ● 邀请投标； ● 对提交的投标进行协助 / 评估
阶段 J	**合同准备** ● 就承包商的选择向客户提供建议； ● 准备合同和安排签署； ● 按合同形式要求提供合同信息
阶段 K	**施工作业** ● 在现场操作期间管理合同； ● 按照与客户商定的时间间隔检查施工进度； ● 检查并认证账户的真实性； ● 定期向客户提供财务报告； ● 与 CDM 协调员整理记录信息
阶段 L	**完成和建立** ● 按照客户同意的时间间隔检查施工情况； ● 编制缺陷进度表并检查完工； ● 完成合同条款

转载自景观学院。

可从 www.landscapeinstitute.org 网站获得。

278

5.2 设置一个日晷

罗伯特在太阳表盘演示上展示了他一贯的热情。

　　用日晷来计算时间，是因为一天是两个连续的正午之间的时间，这个时间不同于人们所假设的每天都是 24 小时的"时钟时间"。在一年的时间里，一天的长度会有轻微的变化，也就是每个中午当太阳到达最高点的时候（穿过子午线），相邻两个中午之间的时间长短。而日晷反映的就是其原本的时间长度，比如，12 月 25 日 23 时 59 分 29 秒和 9 月 1 日 24 时 19 秒在时间长度上是有所变化的。

　　要准确地设置日晷，必须在太阳正午时使用太阳时间设置它，而不是基于当地子午线的标准时间。太阳正午是设置日晷最真实的时间。
寻找当地太阳正午的时间：

- **找出要安装日晷的地方的经度。**
- **找出标准子午线的经度。**

世界被以 15° 为单位划分为多个时区，从英国格林尼治的经度
0° 开始。因此，英国、爱尔兰和葡萄牙的本初子午线是 0°，而欧洲
大陆的其余部分则保持欧洲时间，其子午线为格林尼治以东 15°（穿
过捷克共和国首都布拉格）。北美洲的时区是：

区域	本初子午线经度	经度线附近城市	时间早于格林尼治（小时）
大西洋	60°	格莱斯贝，加拿大	4
东部	75°	费夕法尼亚州	5
中部	90°	孟菲斯，田纳西州	6
山区	105°	圣达菲，新墨西哥州	7
太平洋	120°	弗雷斯诺，加利福尼亚州	8

- **计算经度和子午线的差值**

例如，西普利茅斯经度是 4°10′。减去所在时区的子午线的经度
（例如格林尼治为 0）。由于太阳需要 1 个小时的时间来穿越 15°，太阳
晚于格林尼治穿过西普利茅斯的经度。所以太阳穿过西普利茅斯比格
林尼治要晚。每一度经度是 4 分钟，每一分经度是 4 秒钟。因此，4°10′
意味着西普利茅斯的太阳正午将比格林尼治时间晚 16 分 40 秒。

地点	普利茅斯广场，英格兰	圣地亚哥，孔波斯拉特，西班牙	新港口，缅因州	博伊西，爱达荷州
当地经度	4° 10′ W	8° 33′ W	69° 30′ W	116° 12.8′W
子午线经度	0°	15° E	75° W	105° W
经度差值	+4° 10′	−12° 51.5′	−5° 30′	+11° 37.2′
时差	+16 分 40 秒	+90 分 26 秒	−22 分 0 秒	+46 分 29 秒

• 可从下表中查看主要子午线的太阳正午时刻。

子午线的太阳正午时刻

	时：分：秒	秒	时：分：秒	秒	时：分：秒	秒
1 月	12：03：09	20.5	12：07：38	+21	12：11：05	+12
2 月	12：13：33	+4.5	12：14：19	+3	12：13：49	−9.5
3 月	12：12：34	−13.5	12：10：18	−17	12：07：28	−20
4 月	12：04：08	−20	12：01：16	−13.5	11：59：00	−11
5 月	11：57：09	−5	12：56：20	+6	12：56：26	+7
6 月	11：57：42	+9.5	11：59：21	+12.5	12：01：28	+12.5
7 月	12：03：33	+10.5	12：05：16	+6	12：06：15	0
8 月	12：06：16	−6	12：05：14	−12	12：03：16	−17
9 月	12：00：12	−20	11：56：52	−21	11：53：20	−21
10 月	11：49：55	−17.5	11：46：58	−13	11：44：45	−6
11 月	11：43：40	+2	11：44：00	+12.5	11：45：44	+18.5
12 月	11：48：46	+25	11：52：58	+29	11：57：44	+30

• **计算你所处位置的太阳正午时刻**（若太阳正午时是晴天）。

例如，3 月 11 日，太阳到达子午线的正午时间是 12：10：18，所以普利茅斯的太阳正午时间是 12：10：18 加上 16：40，应将手表调至 12：26：58。计算如下表所示。

地点	普利茅斯，英国	巴塞罗那，西班牙	新港口，缅因州	博伊西，爱达荷州
本初子午线的太阳正午时刻	12：10：18	12：10：18	12：10：18	12：10：18
以上经度对应时间	+16 分 40 秒	−51 分 26 秒	−22 分 0 秒	+46 分 29 秒
当地太阳正午时刻	12：26：58	11：18：52	11：48：18	12：56：45
请参阅下面关于夏令时的说明				
日晷时间明显快于或慢于你的手表	慢 26 分 58 秒	快 41 分 8 秒	快 11 分 42 秒	慢 56 分 45 秒

如果你的国家实行夏时制或夏令时，当所有的时钟在标准时间前一小时被改变，请在计算太阳正午时间的过程中加 1 小时。例如，8 月 11 日 12：05：14 是太阳正午时间，那么普利茅斯的太阳正午时间应在 12：05：14 加上 16：40 后再加 1 小时，你的手表应显示 13：19：53。

- 用无线电报时信号准确地调准手表。
- 设置你的日晷。在你计算出的太阳正午的确切时间时，将日晷旋转到底板上，直到日晷上的缝隙照射到正午的直线上。

来源 / 版权：spot-on sundial, www.spot on-sundials.co.uk。

5.3　英制与公制单位换算

282

换算成英制，乘以系数。用英制换算，除以系数			换算成公制，乘以系数。用公制换算，除以系数
长度			
0.6214	英里	千米	1.6093
1.093	码	米	0.9144
3.280	英尺	米	0.3048
3.93	英寸	毫米	25.4
0.393	英寸	厘米	2.54
面积			
0.386	平方英里	平方千米	2.59
0.0039	平方英里	公顷	258.999
1.196	平方码	平方米	0.8361
0.00155	平方英寸	平方毫米	645.16
0.155	平方英寸	平方厘米	6.4516
质量			
0.001	英吨	千克	1016.05

续表

换算成英制，乘以系数。用英制换算，除以系数			换算成公制，乘以系数。用公制换算，除以系数
0.984	英吨	吨	1.016
0.020	英担	千克	50.8023
0.0787	夸特	千克	12.7006
0.157	英石	千克	6.3503
2.205	英镑	千克	0.4536
	体积		
1.308	立方码	立方米	0.7646
35.315	立方英尺	立方米	0.0283
0.0353	立方英尺	立方分米	28.3168
0.061	立方英寸	立方厘米	16.3871
	容量		
0.220	加仑	升	4.546
1.760	品脱	升	0.568

相近度量 / 英制对应

面积	长度
1 公顷 =10000 平方米	25 毫米 ≈ 1 英寸
1 公顷 ≈ 2.5 英亩	100 毫米 ≈ 4 英寸
0.4 公顷 ≈ 1 英亩	3000 毫米 ≈ 10 英分
1 英亩 ≈ 4046 平方米	1 微米 =1.0 × 10^{-6} 米

容积	质量
1 升 ≈ 1.75 品脱	1 千克 ≈ 2.25 磅
	28 克 ≈ 1 盎司
单位	100 克 ≈ 3.5 盎司
π =3.1416	454 克 ≈ 1 磅

计算公式

体积

圆锥体 =1/3 π r² h

球体 =4/3 π r³ h

圆柱体 = π r² h

周长

圆形 = π × 直径

锥形 = π × 长轴 +0.5 短轴

表面积

圆形 = π × r²

圆柱 = 底面周长 × 高 + 两个圆形面积

球面 = π r × 直径 ²

三角形 = 底 × 高 ÷2

5.4 坡度

斜率	百分比	度数	每米抬高高度（mm）
1:1	100	45	1000
1:2	50	26.56	500
1:3	33.3	18.43	333
1:4	25	14	250
1:5	20	11.3	200
1:6	16.6	9.46	166
1:7	14.3	8.13	143
1:8	12.5	7.12	125
1:9	11.1	6.34	111

续表

斜率	百分比	度数	每米抬高高度（mm）
1：10	10	5.71	100
1：11	9	5.19	
1：12	8.3	4.76	83
1：13	7.7	4.39	
1：14	7.1	4.08	
1：15	6.6	3.81	67
1：16	6.25	3.57	
1：20	5	2.86	50
1：25	4	2.29	
1：30	3.3	1.9	33
1：40	2.5	1.43	25
1：50	2	1.14	20
1：60	1.6	0.95	16.6

设定一个斜率为 1：G

$$G = \frac{\text{坡道长度（Y）}}{\text{上升高度（Z）}}$$

将 1：G 转换为百分比（P）

$$P\% = \frac{100}{G}$$

计算坡度的百分比（P）

$$P\% = \frac{\text{上升高度（Z）} \times 100}{\text{坡道长度（Y）}}$$

将百分比转换为 1：G

$$G = \frac{100}{P\%}$$

5.5 材料重量

材料	吨每立方米	立方米每吨	升每吨
灰土	0.96	1.04	–
碎石，包含沙子	1.60	0.62	–
沥青	1.37	0.73	–

续表

材料	吨每立方米	立方米每吨	升每吨
乳化沥青	–	–	1000
砌体，固体——压制砖	2.12	0.47	
砌体，固体——普通砖	1.92	0.53	
高铝水泥	1.40	0.71	
硅酸盐水泥	1.44	0.70	
快硬水泥	1.28	0.79	
白垩	2.24	0.45	
黏土	1.92	0.53	
熟料	0.80	1.24	
焦炭	0.57	1.70	
混凝土——砾石或碎石	2.24	0.45	
混凝土——煤渣	1.44	0.69	
地表土	1.60	0.62	
种植土（Earth vegetable）	1.23	0.82	
燧石	2.59	0.38	
粗砂砾石	1.76	0.57	
生石灰	0.96	1.04	
消石灰	0.48	2.08	
壤土	1.60	0.62	
泥灰岩	1.76	0.57	
过滤介质	0.88	1.13	
沥青	1.16	0.87	
沙	1.44	0.70	
沙，中坑	1.53	0.65	
沙（泰晤士河或水洗河）	1.69	0.59	
页岩	2.60	0.38	
熔渣	1.51	0.67	

材料	吨每立方米	立方米每吨	升每吨
板岩	2.89	0.34	
雪——新落下的	0.12	8.33	
雪——落下一定时间后被压实的	0.52	1.92	
石材——压舱石	2.77	0.36	
石材——巴斯岩	2.00	0.50	
石材——花岗石	2.67	0.38	
石材——肯特州石灰岩	2.64	0.38	
石材——石灰石	2.41	0.41	
石材——波特兰石	2.44	0.41	
石材——珀贝克石	2.60	0.39	
石材——砂岩	2.33	0.44	
石材——暗色岩	2.73	0.37	
石材——玄武岩	2.77	0.36	
焦油	–	–	873

湿砂浆的近似重量		
砂浆类型	吨每立方米	立方米每吨
水泥石灰砂浆	1.96	0.51
石灰砂浆	1.73	0.59
硅酸盐水泥砂浆	2.00	0.50

建筑石材的平均重量

石材类型	立方米每吨
巴斯岩	0.44
波特兰石	0.41
砂岩	0.41
约克石板	0.40
石灰石	0.40
珀贝克石	0.39
花岗石	0.38
大理石	0.37

每米路肩重量

每米路肩的尺寸	路肩的种类和每米的吨数	
	混凝土	花岗石
125 × 50	0.011	0.013
175 × 50	0.022	0.025
250 × 100	0.066	0.077
250 × 125	0.077	0.088
250 × 150	0.088	0.099
250 × 200	0.110	0.132
300 × 150	0.099	0.121
300 × 200	0.132	0.165

人造石铺装重量

石头厚度	每平方米吨数
50mm	0.12
63mm	0.15

预制混凝土人孔环的重量

人孔环直径（毫米）	每米的重量（公斤）
675	281
900	467
1050	624
1200	760
1350	869
1500	1036
1800	1449

农业排水管重量

管道直径（毫米）	每米管道的重量
50	900
62	1250
75	1750
100	2300
1500	5000

路基材料重量

材料性质	固体重量 公斤每立方米	材料重量	
		吨每立方米	立方米每吨
玄武岩	2809	1.53	0.65
砖	2123	1.16	0.86
煤渣	–	0.80	1.24
混凝土	2286	1.24	0.81
花岗石	2711	1.48	0.67
肯特州石灰岩	2694	1.47	0.68
石灰石	2449	1.33	0.69
砂岩	2367	1.29	0.75

材料性质	固体重量 公斤每立方米	材料重量	
		吨每立方米	立方米每吨
鹅卵石	–	1.51	0.66
冷熔渣	2580	1.40	0.72
热熔渣	2531	1.37	0.73
燧石	2809	1.53	0.65

注意：显示的数据基于 45% 的空隙。

路面铺装材料的重量

材料性质	固体重量 公斤每立方米	材料性质	
		吨每立方米	立方米每吨
灰土	–	0.96	1.04
煤渣	–	0.80	1.24
砾石	–	1.52	0.66
砖	2123	1.16	0.86
白垩	2286	1.24	0.81
混凝土	2286	1.24	0.81
花岗石	2711	1.48	0.68
石灰石	2367	1.29	0.78
砂岩	2449	1.33	0.75
玄武岩	2804	1.53	0.65

路面铺装材料的重量

材料性质	固体重量 公斤每立方米	材料重量	
		吨每立方米	立方米每吨
沥青，底层	–	2.12	0.51
沥青，面层	–	2.24	0.45
沥青，胶浆	2711	2.33	0.43
焦油花岗石	–	1.53	0.62

材料性质	固体重量 公斤每立方米	材料重量	
		吨每立方米	立方米每吨
沥青花岗石	2449	1.53	0.65
柏油石灰石	2531	1.57	0.64
焦油渣	2804	1.40	0.70
柏油玄武岩	–	1.56	0.61

砖砌的近似重量			
砖的类型	一块砖的近似重量 （公斤）	1000 块砖的近似 重量（吨）	每吨砖的近似数量
弗莱顿砖	2.54	2.50	400
饰面砖	2.72	2.68	373
Stocks	3.06	3.00	332
耐火砖	3.17	3.12	320
Wirecuts	3.26	3.21	311
压制砖	3.62	3.57	280
Blue staffs	3.97	3.90	256
工程砖	4.20	4.13	242

290

5.6 体积与深度和面积的关系

面积 平方米	体积（立方米）				
	深度 300 毫米	深度 200 毫米	深度 150 毫米	深度 100 毫米	深度 50 毫米
0.50	0.15	0.10	0.08	0.05	0.30
1.00	0.30	0.20	0.15	0.10	0.05
2.00	0.60	0.40	0.30	0.20	0.10
3.00	0.90	0.60	0.45	0.30	0.15
4.00	1.20	0.80	0.60	0.40	0.20

面积	体积（立方米）				
平方米	深度 300 毫米	深度 200 毫米	深度 150 毫米	深度 100 毫米	深度 50 毫米
5.00	1.50	1.00	0.75	0.50	0.25
6.00	1.80	1.20	0.90	0.60	0.30
7.00	2.10	1.40	1.05	0.70	0.35
8.00	2.40	1.60	1.20	0.80	0.40
9.00	2.70	1.80	1.35	0.90	0.45
10.00	3.00	2.00	1.50	1.00	0.50
11.00	3.30	2.20	1.65	1.10	0.55
12.00	3.60	2.40	1.80	1.20	0.60
13.00	3.90	2.60	1.95	1.30	0.65
14.00	4.20	2.80	2.10	1.40	0.70
15.00	4.50	3.00	2.25	1.50	0.75
16.00	4.80	3.20	2.40	1.60	0.80
17.00	5.10	3.40	2.55	1.70	0.85
18.00	5.40	3.60	2.70	1.80	0.90
19.00	5.70	3.80	2.85	1.90	0.95
20.00	6.00	4.00	3.00	2.00	1.00
21.00	6.30	4.20	3.15	2.10	1.05
22.00	6.60	4.40	3.30	2.20	1.10
23.00	6.90	4.60	3.45	2.30	1.15
24.00	7.20	4.80	3.60	2.40	1.20
25.00	7.50	5.00	3.75	2.50	1.25
26.00	7.80	5.20	3.90	2.60	1.30
27.00	8.10	5.40	4.05	2.70	1.35
28.00	8.40	5.60	4.20	2.80	1.40
29.00	8.70	5.80	4.35	2.90	1.45
30.00	9.00	6.00	4.50	3.00	1.50

面积平方米	体积（立方米）				
	深度 300 毫米	深度 200 毫米	深度 150 毫米	深度 100 毫米	深度 50 毫米
31.00	9.30	6.20	4.65	3.10	1.55
32.00	9.60	6.40	4.80	3.20	1.60
33.00	9.90	6.60	4.95	3.30	1.65
34.00	10.20	6.80	5.10	3.40	1.70
35.00	10.50	7.00	5.25	3.50	1.75
36.00	10.80	7.20	5.40	3.60	1.80
37.00	11.10	7.40	5.55	3.70	1.85
38.00	11.40	7.60	5.70	3.80	1.90
39.00	11.70	7.80	5.85	3.90	1.95
40.00	12.00	8.00	6.00	4.00	2.00
41.00	12.30	8.20	6.15	4.10	2.05
42.00	12.60	8.40	6.30	4.20	2.10
43.00	12.90	8.60	6.45	4.30	2.15
44.00	13.20	8.80	6.60	4.40	2.20
45.00	13.50	9.00	6.75	4.50	2.25
46.00	13.80	9.20	6.90	4.60	2.30
47.00	14.10	9.40	7.05	4.70	2.35
48.00	14.40	9.60	7.20	4.80	2.40
49.00	14.70	9.80	7.35	4.90	2.45
50.00	15.00	10.00	7.50	5.00	2.50
51.00	15.30	10.20	7.65	5.10	2.55
52.00	15.60	10.40	7.80	5.20	2.60
53.00	15.90	10.60	7.95	5.30	2.65
54.00	16.20	10.80	8.10	5.40	2.70
55.00	16.50	11.00	8.25	5.50	2.75
56.00	16.80	11.20	8.40	5.60	2.80

面积平方米	体积（立方米）				
	深度 300 毫米	深度 200 毫米	深度 150 毫米	深度 100 毫米	深度 50 毫米
57.00	17.10	11.40	8.55	5.70	2.85
58.00	17.40	11.60	8.70	5.80	2.90
59.00	17.70	11.80	8.85	5.90	2.95
60.00	18.00	12.00	9.00	6.00	3.00
61.00	18.30	12.20	9.15	6.10	3.05
62.00	18.60	12.40	9.30	6.20	3.10
63.00	18.90	12.60	9.45	6.30	3.15
64.00	19.20	12.80	9.60	6.40	3.20
65.00	19.50	13.00	9.75	6.50	3.25
66.00	19.80	13.20	9.90	6.60	3.30
67.00	20.10	13.40	10.05	6.70	3.35
68.00	20.40	13.60	10.20	6.80	3.40
69.00	20.70	13.80	10.35	6.90	3.45
70.00	21.00	14.00	10.50	7.00	3.50
71.00	21.30	14.20	10.65	7.10	3.55
72.00	21.60	14.40	10.80	7.20	3.60
73.00	21.90	14.60	10.95	7.30	3.65
74.00	22.20	14.80	11.10	7.40	3.70
75.00	22.50	15.00	11.25	7.50	3.75
76.00	22.80	15.20	11.40	7.60	3.80
77.00	23.10	15.40	11.55	7.70	3.85
78.00	23.40	15.60	11.70	7.80	3.90
79.00	23.70	15.80	11.85	7.90	3.95
80.00	24.00	16.00	12.00	8.00	4.00
81.00	24.30	16.20	12.15	8.10	4.05
82.00	24.60	16.40	12.30	8.20	4.10

续表

面积 平方米	体积（立方米）				
	深度 300 毫米	深度 200 毫米	深度 150 毫米	深度 100 毫米	深度 50 毫米
83.00	24.90	16.60	12.45	8.30	4.15
84.00	25.20	16.80	12.60	8.40	4.20
85.00	25.50	17.00	12.75	8.50	4.25
86.00	25.80	17.20	12.90	8.60	4.30
87.00	26.10	17.40	13.05	8.70	4.35
88.00	26.40	17.60	13.20	8.80	4.40
89.00	26.70	17.80	13.35	8.90	4.45
90.00	27.00	18.00	13.50	9.00	4.50
91.00	27.30	18.20	13.65	9.10	4.55
92.00	27.60	18.40	13.80	9.20	4.60
93.00	27.90	18.60	13.95	9.30	4.65
94.00	28.20	18.80	14.10	9.40	4.70
95.00	28.50	19.00	14.25	9.50	4.75
96.00	28.80	19.20	14.40	9.60	4.80
97.00	29.10	19.40	14.55	9.70	4.85
98.00	29.40	19.60	14.70	9.80	4.90
99.00	29.70	19.80	14.85	9.90	4.95
100.00	30.00	20.00	15.00	10.00	5.00

5.7 种植计划的经验法则

种植密度

每平方米基点数	每平方米植株数
150mm	45
200mm	25
300mm	11
400mm	6.3
500mm	4
600mm	2.8
750mm	1.8
800mm	1.6
900mm	1.2
1000mm	1.0
1500mm	0.44
2000mm	0.3

在斜坡上种植

1:1 斜坡——比平面面积增加 1.41（40%）；

1:2 斜坡——比平面面积增加 1.12（12%）；

1:3 斜坡——比平面面积增加 1.05（5%）。

5.8   运动场地草籽播种量

在以下播种率下所需的草种总数量：

应用	面积	播种率 / 平方米		
		20g/m^2	35g/m^2	50g/ m^2
草地滚球场	40 × 40（m）(1600m^2)	32	56	80
板球场	22.8 × 22.8(m)(520m^2)	10.4	18	26
草地网球场	23.8 × 11（m）(262m^2)	5.2	9	13
橄榄球场	100 × 69（m）(6900m^2)	138	241	234
英式足球场	9 × 46（m）(4140m^2)	82.8	145	207
高尔夫球场	500~9000m^2	180	315	450

5.9   相关英国标准清单

"哦，很好！该设备绝对符合 BS EN ISO 20140 96i（b）的要求。"

标准	描述
BS EN 124：1994	车辆和步行区的沟渠顶部和人孔顶部。设计要求、型式试验、标志、质量控制
BS EN 197–1：2011	水泥。常见水泥的组成，规格和合格标准
BS EN 197–2：2000	水泥。合格评估
BS EN 206–1：2000	混凝土。规格，性能，生产和符合性
BS EN 295–1：1991	排水管和下水道用的陶土管、填料和管道接头的要求
BS EN 295–4：1995	排水管和下水道用的陶土管、填料和管道接头。特殊配件、适配器和兼容附件的要求
BS EN 413–1：2001	砌筑水泥的组成、规格和合格标准
BS 434–1：2011	乳化沥青路面。阴离子乳化沥青路面规范
BS 437：2008	铸铁排水管道、配件及其连接件的规范
BS EN 459–1：2010	建筑石灰。定义、规范和合格标准
BS EN 711–1：2011	砖瓦施工规范。黏土砌体单位
BS 743：1970	防潮材料规范
BS 772–11：2011	砌体单元的试验方法
BS EN 812–111：1990	测试聚合。测定 10% 细粉值（TFV）的方法（部分由 BS EN 1097–2：2010 取代）
BS EN 845–2：2003	砌体辅助部件规范。门楣
BS EN 934–3：2009	混凝土，砂浆和水泥的混合物。砌筑砂浆外加剂。定义，要求，符合性，标记和标签
BS EN 998–2：2010	砌筑砂浆规范。砌筑砂浆
BS EN 1097–2：2010	测试集料的机械和物理性能。测定抗破碎性的方法
BS EN 1176–1：2008	游乐场设备和堆焊。一般安全要求和试验方法
BS EN 1176–2：2008	游乐场设备及堆焊。特定的安全要求和测试摆动的方法
BS EN 1176–3：2008	游乐场设备及堆焊。滑板的附加特殊安全要求和试验方法
BS EN 1176–4：2008	游乐场设备及堆焊。索道的其他特定安全要求和测试方法
BS EN 1176–5：2008	游乐场设备及堆焊。旋转木马的特殊安全要求和试验方法

标准	描述
BS EN 1176–6：2008	游乐场设备及堆焊。摇摆设备的附加特殊安全要求和试验方法
BS EN 1176–7：2008	游乐场设备及堆焊。安装、检查、维护和操作指导
BS EN 1176–10：2008	游乐场设备及堆焊。全封闭游乐设备的附加特殊安全要求和测试方法
BS EN 1176–11：2008	游乐场设备及堆焊。空间网络的附加特殊安全要求和试验方法
BS EN 1177：2008	冲击衰减运动场堆焊。 临界下降高度的确定
BS 1186–2：1988	木工和细木工技术。工艺规范
BS 1192：2007	协同建筑，工程和施工生产信息。守则
BS 1202–1：2002	钉子的规格。钢钉
BS EN 1313–1：2010	圆木和锯材。允许偏差和优选尺寸。软木锯材
BS EN 1313–2：1999	圆木和锯材。允许偏差和优选尺寸。硬木锯材
BS EN 1338：2003	混凝土铺路砌块要求和试验方法
BS EN 1339：2003	混凝土路面标志。要求和测试方法
BS EN 1340：2003	混凝土路缘。要求和测试方法
BS 1343：2001	用于外部铺装的天然石材。要求和测试方法
BS 1377–2：1990	土木工程用土壤测试方法。分类测试
BS 1377–4：1990	土木工程用土壤测试方法。压实相关测试
BS EN 1377–9：1990	土木工程用土壤测试方法。原位测试
BS EN 1401–1：2009	非压力地下排水和排水用塑料管道系统。未增塑聚氯乙烯（PVC–U）。管道、管件和系统的详细说明
BS EN 1436：2007+A1：2008	道路标记材料。道路使用者的道路标记性能
BS 1521：1972	防水建筑材料规范
BS EN 1610：1998	排水沟和下水道的建造和试验
BS 1710：1984	管道和服务标识规范
BS 1722–1：2006	栅栏。链式栅栏规范
BS 1722–2：2006	栅栏。钢丝网和铁丝网的规范

续表

标准	描述
BS 1722-4：1986	栅栏。栗果纹路白栅栏规范
BS 1722-5：2006	栅栏。封闭栅栏和木栅栏的规范
BS 1722-7：2006	栅栏。木柱子和栅栏的规范
BS 1722-8：2006	栅栏。低碳钢的规范，连续的栅栏和跨栏
BS 1722-9：2006	栅栏。适用于低碳钢围栏，或圆形或方形垂直方向的围栏
BS 1722-10：2006	栅栏。链环或焊接网中防盗围栏的规范
BS 1722-11：2006	栅栏。预制木板栅栏规范
BS 1722-12：2006	栅栏。钢栅栏规范
BS 1722-13：1978	栅栏。网球场的链环围栏
BS 1722-14：2006	栅栏。开放式网板栅栏规范
BS 1722-16：2009	栅栏。粉末涂料的规范，用于塑料制品和网格
BS EN 1917：2002	混凝土人孔和检查室，无钢筋，钢纤维和加固
BS EN 1992-1-1：2004	欧洲规范 2，混凝土结构设计。一般规则和建筑物规则
BS EN 3882：2007	表层土规范和使用要求
BS 3936-1：1992	苗木。树木和灌木的规范
BS 3936-2：1990	苗圃库存。玫瑰规格
BS 3936-3：1990	苗木。果树规范
BS 3936-4：2007	苗木。林木、杨树和柳树规范
BS 3936-7：1989	苗木。苗床规范
BS 3936-9：1998	苗木。球茎、球茎和块茎的规格
BS 3936-10：1990	苗木。地被植物规范
BS 3936-11：1984	苗木。种植容器的规格说明
BS 3969：1998	一般用途草坪推荐
BS 3998：2010	大树修剪。建议
BS 4043：1989	带土球大树移植建议
BS 4092-1：1996	国内大门规范 金属门规范

续表

标准	描述
BS 4428：1989	一般景观操作规程（不包括硬表面）
BS 4449：2005 +A2：2009	钢筋用于混凝土的加固。可焊钢筋、棒材、卷材和开卷产品。规范
BS 4482：2005	用于钢筋混凝土制品加固的钢丝
BS 4483：2005	用于混凝土加固的钢纤维。规范
BS 4652：1995	富锌底漆（有机介质）规范
BS 4660：2000	公称尺寸为 110 和 160 的热塑性辅助配件，适用于地下重力排水和排污
BS 4962：1989	用于地下排水的塑料管和填充物的规范
BS 5481：1997	用于重力下水道的非塑化聚氯乙烯管道和配件的规范
BS 5489-1：2003 +A2：2008	道路照明设计规范。 道路照明和公共设施区照明
BS 5489-2：2003 +A1：2008	道路照明设计规范。 隧道照明
BS 5837：2012	与设计，拆除和建筑有关的树木处理方式的建议
BS 5911-3：2010	混凝土管道和辅助混凝土产品。未加强和加强的沙井和高速公路规范（BS EN 1917：2002 的补充）
BS 5911-4：2002 +A2：2010	混凝土管道和辅助混凝土产品。非增强和钢筋混凝土检测室的规范（BS EN 1917：2002 的补充）
BS 5911-6：2004 +A1：2010	混凝土管和附属混凝土制品。 道路沟渠和沟渠盖层规范
BS 6150：2006	建筑物绘制规范
BS 6180：2011	建筑物内外限制规范
BS 6398：1983	砌体沥青防潮层规范
BS 6496：1984	用于涂覆和烘烤铝粉末有机涂层的规范，允许用于外部建筑用途的挤出、片材和预成型部分；以及用于涂覆有粉末的有机涂层的铝合金型材、片材和预成型部分的表面
BS 6515：1984	用于砌体的聚乙烯防潮层规范
BS 6744：2001 +A2：2009	用于混凝土加固和使用的不锈钢棒

续表

标准	描述
BS 7044-4：1991	人造运动场地表面。多种运动设施使用规范
BS 7188：1998 +A2：2009	运动场铺面耐冲击性。性能要求和测试方法
BS 7370-1：1991	场地维护。建立和管理场地、维护机构以及与维护有关的设计考虑的建议
BS 7370-2：1994	场地维护。硬质区域维护的建议（不包括运动场地表面）
BS 7370-3：1991	场地维护。维护舒适性和功能性草坪（运动草皮除外）的建议
BS 7370-4：1993	场地维护。维护软质景观的建议（非市容草坪）
BS 7370-5：1998	场地维护。关于水域维护的建议
BS 7533-3：2005 +A1：2008	用黏土，天然石材或混凝土摊铺机建造的路面。用于铺设预制混凝土铺路砖，和铺设柔性路面的黏土铺路砖的操作规范
BS 7533-4：2006	用黏土，天然石材或混凝土摊铺机建造的路面。建造预制混凝土板或天然石板路面的操作规范
BS 7533-6：1999	用黏土，天然石材或混凝土摊铺机建造的路面。铺设天然石材，预制混凝土和黏土路缘石单位的操作规范
BS 7533-7：2010	用黏土，天然石材或混凝土摊铺机建造的路面。天然石铺设单元和鹅卵石路面的施工规程，以及铺路铺设的刚性施工
BS 7542：1992	混凝土用化合物固化试验方法
BS 7913：1998	历史建筑保护原则指南
BS 7973-1：2001	钢筋用垫板和支撑及其规范。产品性能要求
BS 7973-2：2001	钢筋用垫板和支撑及其规范。垫板的固定、使用及钢筋的分型
BS 8000-2.1：1990	在建筑工地做工。具体工作守则。混凝土搅拌和运输
BS 8215：1991	砌体建筑防潮课程的设计和安装操作规范
BS 8300：2009 + A1	2010 建筑设计及其方法来满足残疾人的需求
BS 8500-1：2006	混凝土。英国标准 BBS EN 206-1。指定和指导说明的方法
BS 8500-2：2006	混凝土。英国标准 BBS EN 206-1。对组成材料和混凝土的规定

标准	描述
BS 8666：2005	混凝土配筋的进度、尺寸、弯曲和切削。规范
BS EN 10223-6：1998	栅栏用钢丝和线材制品。钢丝链栅栏
BS EN 12206-1：2004	油漆和清漆。建筑用铝和铝合金涂层。涂层粉末制备的涂层
BS EN 12591：2009	沥青和沥青粘合剂。沥青摊铺等级规范
BS EN 12620：2002+A1：2008	混凝土骨料
BS EN 12878：2005	基于水泥或石灰的建筑材料着色用颜料。实验规范和方法
BS EN 13043：2002	用于道路，机场和其他交通区域的沥青混合料和表面处理集料
BS EN 13101：2002	地下通道入口的要求，标志，测试和合格评估
BS EN 13108-1：2006	沥青混合物。材料规格。沥青混凝土
BS EN 13108-4：2006	沥青混合物。材料规格。热轧沥青
BS EN 13108-8：2005	沥青混合物。材料规格。再生沥青
BS EN 13139：2002	灰浆总量
BS EN 13438：2005	油漆和清漆。建筑用镀锌或雪花钢制品粉末有机涂层
BS EN 13877-3：2004	混凝土路面用榫钉规范
BS 594987：2010	道路和其他铺砌区域用沥青。运输、铺设、压实和型式试验规程规范

第6章 制图

庞森比（Ponsonby）女士对吉尔斯（Giles）幼时所展现出的作为一个
设计师的潜力而感到自豪。

306

6.1 纸张尺寸

A 系列	A 系列的纸张尺寸是一种国际通用度量衡，被广泛用于绘画和写作材料之中
纸张尺寸的计算方式	A 系列纸张大小是以面积为 $1m^2$ 的矩形 A0 纸张为基础的。它的 x 边长与 y 边长之比为 $x:y=1:\sqrt{2}$（x=841mm，y=1189mm）。 该系列的尺寸均是由之前更大尺寸下的纸张逐渐对半向下折减而衍生出来的。其两边的比例始终保持 $1:\sqrt{2}$ 的常数不变

A 系列尺寸	尺寸	纸张大小（mm）
	A0	841 × 1189
	A1	594 × 841
	A2	420 × 594
	A3	297 × 420
	A4	210 × 297
	A5	148 × 210
	A6	105 × 148
	A7	74 × 105
	A8	52 × 74
	A9	37 × 52
	A10	26 × 37

6.2　常用电子文件的扩展名

Adobe 系列	.pdf	便携式文档格式
	.ai	AI 软件文档
	.ait	AI 软件模板文档
	.psd	Photoshop 文件
	.indd	Indesign 文件
Autodesk 系列	.dwg	AutoCAD 图形文件
	.dwf	图形网页格式
	.dwt	图形模板文档
	.dxf	图形交换格式
	.shx	形状文件
	.bak	背景文件
	.sv$	自动存储文件
	.rvt	Revit 文件
Windows/ 系统文件	.exe	项目文件
	.bmp	位图文件
	.wmf	图元文件
	.jpg	图片文件
	.tif	综合图片文件
	.doc	Word 文档
	.xls	Excel 电子表格
	.xlt	Excel 模板文档
	.dot	Word 文档模板
	.ppt	Powerpoint 模板文档
	.pps	Powerpoint 放映幻灯片
	.htm	网页
	.html	网页
	.msg	Outlook 信息
	.txt	文档文件
	.rtf	富文本格式
	.mpg	视频文件
	.avi	影视文件
其他工作软件	Quark	
	Microstation	
	Sketch-up	
	Zip programs	

308

6.3 AutoCAD 打印比例

		模型空间（m）		模型空间（mm）	
缩放比例	1 ： 1	1000xp	1 ： 1	1xp
	1 ： 2	500xp	1 ： 2	0.5xp
	1 ： 5	200xp	1 ： 5	0.2xp
	1 ： 10	100xp	1 ： 10	0.1xp
	1 ： 20	50xp	1 ： 20	0.05xp
	1 ： 25	40xp	1 ： 25	0.04xp
	1 ： 50	20xp	1 ： 50	0.02xp
	1 ： 100	10xp	1 ： 100	0.01xp
	1 ： 200	5xp	1 ： 200	0.005xp
	1 ： 250	4xp	1 ： 250	0.004xp
	1 ： 500	2xp	1 ： 500	0.002xp
	1 ： 1000	1xp	1 ： 1000	0.001xp
	1 ： 1250	0.8xp	1 ： 1250	0.0008xp
	1 ： 2000	0.5xp	1 ： 2000	0.0005xp
	1 ： 2500	0.4xp	1 ： 2500	0.0004xp
	1 ： 5000	0.2xp	1 ： 5000	0.0002xp
	1 ： 10000	0.1xp	1 ： 10000	0.0001xp

309

6.4 典型标注

标注					
AP	定位点	FS	旗杆	PZ	压力计
AV	空气阀	G	水沟	RE	通渠孔
BH	钻孔	GV	煤气阀	RP	反射器
BL	护柱	IC	人孔盖	RS	路标

BS	公交站	IL	管道内底标高	SA	渗坑
BT	电信孔盖	IN	测斜管	SC	停止旋塞
CL	覆盖水平	JB	垃圾桶	SF	拱腹标高
C.MK	电缆标志	KO	排水口	SI	浅探井
CTV	电视电缆孔盖	LP	路灯	SS	调查站
DP	下水管	MH	检修孔	ST	树桩
DR	排水系统	MK	标志	SV	闭塞阀
EIC	电力孔盖	NB	指示牌	TBM	基准点
EP	输电杆	OS	O.S. 三角站	TL	入口平面
ER	接地柱	OSBM	O.S. 标准	TP	电线杆
FH	消防栓	P	邮局	TR	信号灯
FL	楼板平面	PE	管道	VP	通气管
		PGM	永久地标	WM	水表

栅栏类型		围墙类型	
CBF	封闭式栅栏	BW	砖墙
CPF	栗木栅栏	CW	混凝土墙
IRF	铁栏杆栅栏	DSW	片石墙
OBF	开放式栅栏	RTW	挡土墙
PBW	桩和铁丝网	SW	石墙
PCLF	桩和围栏		
PSW	桩和羊线		
PW	桩和金属丝线		
PWM	桩和金属丝网		

310

6.5　符号

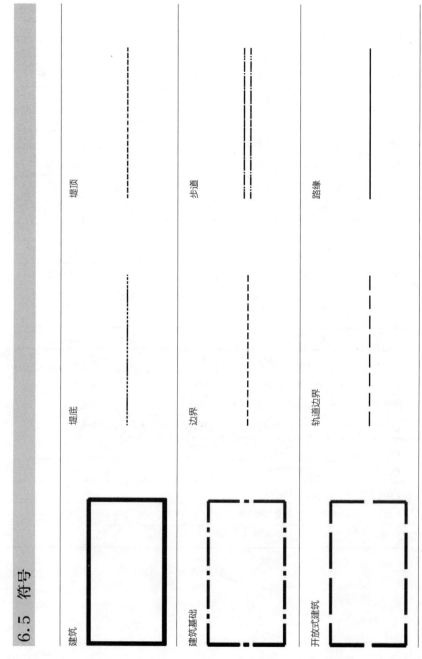

建筑

建筑基础

开放式建筑

堤顶

堤底

步道

边界

路缘

轨道边界

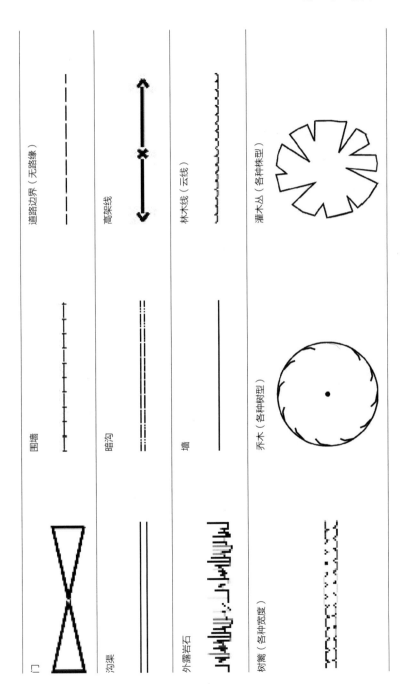

门	围墙	道路边界（无路缘）
沟渠	暗沟	高架线
外露岩石	墙	林木线（云线）
树篱（各种宽度）	乔木（各种树型）	灌木丛（各种株型）

6.6 常用图形符号

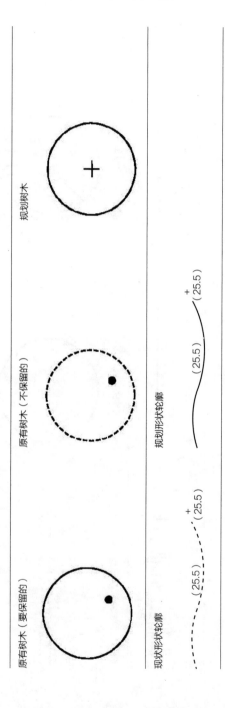

原有树木（要保留的）

原有树木（不保留的）

规划树木

现状形状轮廓

(25.5)

+(25.5)

规划形状轮廓

(25.5)

+(25.5)

附录

术语表

Air entrained and plasticised 引气增塑剂：携带空气的砂浆增塑剂具有良好的性能。空气有助于增加粘结剂浆料填充砂中空隙的体积，从而改善其性能。

Alloy 合金：一种金属材料，是两种或多种金属的均匀混合物或固溶物，或添加了非金属元素的金属，或添加了降低其纯度的物质的金属。

Anneal 退火：通过逐渐加热和冷却的过程使其达到所需的质地或硬度的一致性。

Anodising 阳极氧化：用保护性或装饰性氧化物电镀金属表面。

Austenitic steel 奥氏体钢：与碳钢相比，奥氏体不锈钢具有高延展性、低屈服应力和相对较高的极限拉伸强度。奥氏体不锈钢不具有磁性。奥氏体不锈钢由于其高铬和高镍含量，是不锈钢组中抗腐蚀性最强的材料，具有非常好的机械性能。

Brazing 钎焊：将两个金属表面熔合在一起，通过高熔点焊料或黄铜来焊接两个金属表面。

Bull nose 牛鼻：一种石材的加工方式，指砖块、路边石或遮阳板上的圆角。有两个圆角的砖是双牛鼻。

Capping units 盖板构件：位于防护墙或挡土墙顶部的构件，与墙壁齐平，不包含用于排水的打孔或相关功能。冲洗盖板不能保护砖块免于饱和。

Cardinal points/cardinal directions 基本方位 / 基本方向：北、东、南、西。

Case hardening 表面硬化：当石头从地面上取下来时，它是相对柔软的。当它变干，盐被吸附到表面时，就形成了一种被称为"表面硬化"的表面硬化层。

Cementitious lime staining 胶凝石灰着色：石灰染色与风化之间可能存在混淆。在最常见的形式中，石灰染色从交叉接头的底部发出。石灰沉积在砖砌体表面，然后碳酸化为水不溶性污垢。

Contour scaling 轮廓缩放：这是用于描述盐结晶脱离表面硬化过程的术语。

Conviction on indictment 控告罪：可判明的罪行是更为严重的罪行，可由陪审团审理。

Copping 涂抹：防护墙顶部的一种装置，它可以保护墙壁上的所有暴露面都远离水。

Corrosion 腐蚀：通过化学反应分解或破坏一种物质。生锈是当铁与氧气和水结合时发生的一种腐蚀形式。

Curtilage 宅地：这是一个法律术语，用于描述住宅周围土地的封闭区域。

Delamination 分层：紧跟在顺层平面上的一层石头的分离或损失。

Designated mix or designed mix 指定混合或设计混合：从限制范围内选择的混凝土混合物，其中生产者必须持有在有效期内的产品合格证书。

Ductile 韧性：容易拉成丝或锤打变薄的性能。

Duplex stainless steel 双相不锈钢：由大约相等比例的铁素体和奥氏体组成的混合微观结构。双相不锈钢的强度也基本上是标准奥氏不锈钢强度的两倍。相较于其他合金不锈钢，双相不锈钢提高了抗应力腐蚀开裂、抗点蚀和抗缝隙腐蚀能力，同时具备高强度。

Edge bedding 边缘铺设：一种铺设石材的方法，石材的各层垂直并与建筑平面成 90° 角。

Efflorescence 风化：这通常表现为砖砌施工结束后，干燥砖块表面的白色粉末状沉积物。这可以通过用湿拇指擦除来与其他污渍区分开来。

Face bedding 表面铺设：一种石材铺设的方式，石材的各层垂直且平行于施工平面。通常会导致石材大量粉化和结垢。

Ferrous 黑色金属：铁的衍生物或包含铁。

Fibre optics 光纤：玻璃或塑料纤维被设计成沿着其长度引导光。光纤被广泛用于光纤通信，其允许以比其他形式的通信更长的距离和更高的数据速率进行传输。使用光纤代替金属线，因为信号沿着它们传播的损耗较小，并且不受电磁干扰的影响。

Flat sawn timber 平锯材：木材切割面与年轮相垂直，通常被称为贯穿始终。

Forging 锻造：通过加热和打击或锤击成形金属。

Frogged brick 凹槽砖：该砖在单元的一个或多个表面上有凹陷结构以减轻重量。所有这些凹陷的总体积不应超过单元总体积的某个限制。

Gnomon 指时针：静止物体投射阴影，作为指针，显示在日晷上。

IP ratingsIP 等级（入口保护）：EN 60529 概述了一种国际分类系统，用于电气设备外壳防止异物（即工具、灰尘、手指）和湿气侵入设备的密封效果。

Joule (J). 焦耳（J）：能源的国际单位（SI）——测量热、电和机械功。一焦耳是由一个牛顿的力沿着力的方向移动一米所完成的功或能量消耗。或者一焦耳是一秒钟产生一瓦功率的功。

Kelvin (K) 开尔文（K）：热力学温度单位，作为国际单位制（SI）的基本单位之一。通过将水的三相点的热力学温度设定在 273.16 K，测量温度区间，一摄氏度等于一开尔文温度。摄氏温度标度设定为 0℃等于 273.16 K。

Lath 板条：一种薄而窄的木条，可以是橡木、栗木或软木，常见于传统建筑中。它们被钉在建筑物的椽子、柱子或地板梁上，用于支撑砖瓦、抹灰等。有时使用波纹金属带或板。

Lumen (lm) 流明（lm）：光通量的 SI 单位，即光感知功率的度量。

光通量与辐射通量不同，辐射通量是发射光的总功率的量度，因为光通量被调整以反映人眼对不同波长的光的不同灵敏度。

Luminaire 灯具：由灯或灯组成的完整照明单元。灯具也指用于帮助定位，保护和连接灯具的部件。

Mass concrete 大体积混凝土：任何体积或放置正常尺寸的混凝土，需要足够大的尺寸以应对由于水泥水化而产生的热量和随之而来的体积变化，以使裂缝最小化。

Micrometre 微米（符号 μm）：是一米的一百万分之一，或相当于一千分之一毫米。它可以用 1×10^{-6}m 的科学符号书写，意思是 1/100000m。

Mill finish 磨光处理：通过标准挤压操作获得的处理成品，不再进行任何后续操作。

m/m：质量

Organic solvent 有机溶剂：溶剂是充当固体、液体或气体的溶解剂的物质。有机溶剂是含碳化学物质。使用最广泛的溶剂是水。作为溶剂有价值的其他化合物是丙酮、醇、苯（或苯）、二硫化碳、四氯化碳、氯仿、乙醚、乙酸乙酯、糠醛、汽油、甲苯、松节油和二甲苯（或二甲苯）。

Oxidisation 氧化作用：向化合物中加氧。

Peacocking 炫色：这是一种在蓝色或类似烧制的砖块或摊铺机上经常发生的变色现象。通常，效果是在边缘周围变暗或更广泛的汽油污染效应。炫色在一定程度上一直是蓝色黏土砖的正常特征。然而，保护措施将最大限度地减少视觉冲击，并限制效果的程度。

Portland (or portland) cement 硅酸盐水泥：通过在窑中加热石灰石和黏土混合物并粉碎所得到的材料而制成的一种水硬性水泥。

Portland cement mortar 硅酸盐水泥砂浆（常被称为水泥砂浆）：通过将硅酸盐水泥与沙子和水混合而形成的。硅酸盐水泥砂浆是混凝土的基础，通常是由这种砂浆组成的混合物，加上砾石或合适的骨料。

Quarry sap 采石液：大多数新采出的石块中含有的水分，很快就会干涸，并形成硬化表面。

Quarter sawn timber. 四角锯材：从原木径向切割，以产生垂直或直纹的边缘。

Satin finish 缎面处理：也称为拉丝处理或亚光处理，在表面上划出一系列非常细的平行线以创建纹理。通常是通过喷砂或用硬钢丝刷或化学改变高光泽表面来实现的。这种半光泽饰面降低了反光度。

Slaked lime 熟石灰：氧化钙。石灰石被加热直至分解形成氧化钙和二氧化碳。氧化钙也被称为生石灰。氧化钙与水反应形成氢氧化钙，也称为熟石灰。

Solder 焊料：用于连接两个金属表面的易熔合金，如锡或铅。表面通过熔化合金来焊接，从而在两部分之间形成薄层。

Spalling 剥离：一般用于描述石雕的表面剥落。一块碎片是一小块石头。

Summary conviction 简易定罪：简易定罪罪行包括最轻微的罪行。

Temper 回火：降低硬化金属或玻璃的脆性，以提高其弹性。适当地用力。具有必要的硬度或弹性。用于玻璃或金属。

Vitreous enamel 釉质：玻璃粉与基材的熔合，形成持久的保护性饰面，通常在 750~850℃之间。粉末熔化和流动，并在金属、玻璃或陶瓷上形成光滑、耐用的玻璃涂层。

Weld 焊接：通过加热软化金属或塑料，有时用锤打加压，有时用高熔点的填充金属。

协会、机构和其他信息来源

橡木制品公司 Acorn Planting Products Fiberweb Geosynthetics Ltd. Blackwater Trading Estate The Causeway, Maldon, CM9 4GG	电话 网址	01621 874201 www.acorn-planting-products.com
铝合金协会 Aluminium Federation National Metalforming Centre 国家锻压中心 47 Birmingham Road, West Bromwich West Midlands, B70 6PY	电话 网址	0121 601 6363 alfed@alfed.org.uk www.alfed.org.uk
运动场产业协会 API (Association of Playground Industries) Federation House, Stoneleigh Park Warwickshire, CV8 2RF	电话 网址	024 7641 4999 www.api-play.org
苏格兰建筑和设计协会 Architecture and Design Scotland Bakehouse Close, 146 Canongate Edinburgh, EH8 8DD	电话 网址	0131 556 6699 www.ads.org.uk
巴博尔公司 Barbour Ludgate House, 245 Blackfriars Road London, SE1 9UY	电话 网址	020 7921 5000 www.barbour.info
砖材发展协会 Brick Development Association (BDA) The Building Centre, 26 Store Street London, WC1E 7BT	电话 网址	020 7323 7030 brick@brick.org.uk www.brick.org.uk

续表

英国协议委员会 British Board of Agrément Bucknalls Lane, Garston Watford, WD25 9BA	电话 网址	01923 665300 01923 665301 contact@bba.star.co.uk www.bbacerts.co.uk
英国研究机构 British Research Establishment (BRE) BRE, Bucknalls Lane Watford, WD25 9XX	电话 网址	01923 664000 enquiries@bre.co.uk www.bre.co.uk
英国种子有限公司 British Seed Houses Ltd. Camp Road, Witham St. Hughes Lincoln, LN6 9QJ	电话 网址	01522 868714 seeds@bshlincoln.co.uk www.britishseedhouses.com
英国不锈钢协会 British Stainless Steel Association Broomgrove, 59 Clarkehouse Road, Sheffi eld S10 2LE	电话 网址	0114 267 1260 enquiry@bssa.org.uk www.bssa.org.uk
英国标准研究所 British Standards Institute BSI Group Press Office, 389 Chiswick High Road London, W4 4AL	电话 网址	020 8996 6330 press office@bsigroup.com www.bsigroup.com
英国制糖公司 British Sugar Sugar Way Peterborough, PE2 9AY	电话 网址	0870 240 2314 0870 240 2729 topsoil@britishsugar.co.uk www.bstopsil.co.uk

续表

英国保护自然资源协会 BTCV The Conservation Volunteers (TCV) is a trading name of BTCV Sedum House, Mallard Way Doncaster, DN4 8DB	电话 网址	01302 388883 information@tcv.org.uk www.tcv.org.uk
伦敦建筑中心 Building Centre The Building Centre, 26 Store Street London, WC1E 7BT	电话 网址	0207 692 4000 reception@buildingcentre.co.uk www.buildingcentre.co.uk
木材采购专业技术中心 Central Point of Expertise on Timber Procurement c/o Proforest Main Office,South Suite, Frewin Chambers, Frewin Court, Oxford, OX1 3HZ	电话 网址	01865 243766 cpet@proforest.net www.cpet.org.uk
无障碍环境中心和开放实验室 Centre for Accessible Environments and the Access Lab 70 South Lambeth Road, London, SW8 1RL	电话 网址	020 7840 0125 info@cae.org.uk www.cae.org.uk
英国混凝土中心 Concrete Centre Riverside House, 4 Meadows Business Park Station Approach, Blackwater, Camberley, GU17 9AB	电话 网址	01276 606 800 enquiries@concretecentre.com www.concretecentre.com
英国混凝土学会 Concrete Society Riverside House, 4 Meadows Business Park Station Approach, Blackwater, Camberley, GU17 9AB	电话 网址	1276 607140 www.concrete.org.uk

续表

组织		联系方式
英国铜业发展协会 Copper Development Association 5 Grovelands Business Centre, Boundary Way Hemel Hempstead, HP2 7TE	电话 网址	01442 275705 01442 275716 info@copperalliance.org.uk www.copperinfo.co.uk
英国交通部 Department of Transport Great Minster House, 33 Horseferry Road London, SW1P 4DR	电话 网址	0300 330 3000 www.dft.gov.uk
英国遗产组织 English Heritage 1 Waterhouse Square, 138 - 142 Holborn London, EC1N 2ST	电话 网址	020 7973 3000 customers@english-heritage.org.uk www.english-heritage.org.uk
英国环境署 Environment Agency National Customer Contact Centre PO Box 544, Rotherham, S60 1BY	电话 网址	03708 506 506 enquiries@environment-agency.gov.uk www.environment-agency.gov.uk
英国森林管理委员会 Forest Stewardship Council FSC UK, 11 - 13 Great Oak Street, Llanidloes Powys, SY18 6BU	电话 网址	01686 413916 info@fsc-uk.org www.fsc-uk.org
英国林业委员会 Forestry Commission Forestry Commission GB and Scotland Silvan House, 231 Corstorphine Road Edinburgh, Scotland, EH12 7AT	电话 网址	0131 334 0303 0131 334 3047 enquiries@forestry.gsi.gov.uk www.forestry.gov.uk

续表

木材贸易联合会 Forests Forever and the Timber Trade Federation The Building Centre, 26 Store Street London, WC1E 7BT	电话 网址	020 3205 0067 020 7291 5379 ttf@ttf.co.uk www.forestsforever.org.uk
英国电镀工业协会 Galvanizers Association Wren's Court, 56 Victoria Road Sutton Coldfi eld, West Midlands, B72 1SY	电话 网址	0121 355 8838 ga@hdg.org.uk www.galvanizing.org.uk
绿色科技公司 Green–Tech Sweethills Park, Nun Monkton York, YO26 8ET	电话 网址	01423 332100 www.green–tech.co.uk
黑科树沙公司 Heicom 4 Frog Lane, Tunbridge Wells Kent, TN1 1YT	电话 网址	01892 522360 www.treesand.co.uk
海洛斯 Helios Wensley, Keyworth Road, Wysall Nottinghamshire, NG12 5QQ	电话 网址	01509 889175 info@gohelios.co.uk www.gohelios.co.uk
英国高速公路管理局 Highways Agency 123 Buckingham Palace Road London, SW1W 9HA	电话 网址	0300 123 5000 ha_info@highways.gsi.gov.uk www.highways.gov.uk
苏格兰文物局 Historic Scotland Head Offi ce, Longmore House, Salisbury Place, Edinburgh, EH9 1SH	电话 网址	0131 668 8600 hs.inspectorate@scotland.gsi.gov.uk www.historic–scotland.gov.uk

续表

机构		联系方式
英国家庭和社区区署 Homes and Communities Agency Maple House, 149 Tottenham Court Road London, W1T 7BN	电话 网址	0300 1234 500 mail@homesandcommunities.co.uk www.homesandcommunities.co.uk
英国园艺交易协会 Horticultural Trades Association 19 High Street, Theale Reading, RG7 5AH	电话 网址	0118 930 3132 www.the-hta.co.uk
艾伯斯多克建筑产品有限公司 Ibstock Building Products Ltd. Leicester Road, Ibstock Leicestershire, LE67 6HS	电话 网址	01530 261999 01530 257457 marketing@ibstock.co.uk www.ibstock.com
英国交通运输协会 Institution of Highways and Transportation Institute of Highway Engineers De Morgan House, 58 Russell Square London, WC1B 4HS	电话 网址	020 74367487 www.theiht.org
大地水务集团有限公司 Land + Water Group Ltd Westen Yard, Albury Surrey, GU5 9AT	电话 网址	0844 8751260 www.land-water.co.uk
英国风景园林协会 Landscape Institute Charles Darwin House, 12 Roger Street London, WC1N 2JU	电话 网址	020 7685 2640 www.landscapeinstitute.org
莱瑟姆有限公司 Lathams Ltd Unit 3, Swallow Park, Finway Road Hemel Hempstead, Hertfordshire, HP2 7QU	电话 网址	0116 257 3415 marketing@lathams.co.uk www.lathams.co.uk

续表

石灰技术 Limetechnology Unit 126, Milton Park, Abingdon Oxfordshire, OX14 4SA	电话 网址	0845 603 1143 0845 634 1560 info@limetechnology.co.uk www.limetechnology.co.uk
马卡费利公司 Maccaferri 7600 The Quorum, Oxford Business Park North Garsington Road Oxford, OX4 2JZ	电话 网址	01865 774550 www.maccaferri.co.uk
梅尔考特工业有限公司 Melcourt Industries Ltd Boldridge Brake, Long Newnton Tetbury, Glos., GL8 8RT	电话 网址	01666 502711 www.melcourt.co.uk
英国矿物制品协会 Mineral Products Association Riverside House, 4 Meadows Business Park Station Approach, Blackwater Camberley, Surrey, GU17 9AB	电话 网址	01276 608 700 mpacement@mineralproducts.org www.mineralproducts.org
英国国家建筑规范 National Building Specification The Old Post Office, St Nicholas Street Newcastle upon Tyne, NE1 1RH	电话 网址	0845 456 9594 info@theNBS.com www.thenbs.com
国家联合公用事业集团 National Joint Utilities Group One Castle Lane London, SW1E 6DR	电话 网址	0203 397 3315 info@njug.org.uk www.njug.org.uk

续表

英格兰自然保护局 Natural England Natural England, Foundry House 3 Millsands, Riverside Exchange Sheffield, S3 8NH	电话 网址	0845 600 3078 www.naturalengland.org.uk
塑木制品有限公司 Plaswood Products Ltd Heanor Gate, Heanor Derbyshire, DE75 7RG	电话 网址	0845 302 4752 www.whyusewood.co.uk
儿童场地（苏格兰）有限公司 The Play Practice (Scotland) Ltd. Quarrywood Court Livingston, EH54 6AX	电话 网址	01506 442266 01506 442299 www.theplaypractice.co.uk
保护森林非营利组织 ProForest South Suite, Frewin Chambers, Frewin Court Oxford, OX1 3HZ	电话 网址	01865 243439 info@proforest.net www.proforest.net
里格比泰勒有限公司 Rigby Taylor Ltd. Rigby Taylor House, Crown Lane Horwich, Bolton, BL6 5HP	电话 网址	0800 424919 www.rigbytaylor.com
英国事故预防皇家协会 ROSPA ROSPA House, Edgbaston Park 353 Bristol Road, Edgbaston Birmingham, B5 7ST	电话 网址	0121 248 2000 www.rospa.com
萨利克斯河流湿地服务有限公司 Salix River & Wetland Services Ltd Blackhills Nurseries, Blackhills Lane Fairwood, Swansea, SA2 7JN	电话 网址	0870 350 1851 www.salixrw.com

续表

公司名称及地址		联系方式
苏格兰自然遗产委员会 Scottish Natural Heritage Great Glen House, Leachkin Road Inverness, IV3 8NW	电话 网址	01463 725000 www.snh.org.uk
运动标志集团有限公司 Sportsmark Group Ltd. Hartshill Nursery, Thong Lane Shorne, Gravesend Kent, DA12 4AD	电话 网址	01635 867537 sales@sportsmark.net www.sportsmark.net
精准日晷公司 Spot-on sundial PO Box 67486, Hampstead London, NW3 9RT	电话 网址	0208 1665431 info@spot-on-sundials.co.uk www.spot-on-sundials.co.uk
英国石材协会 Stone Federation Great Britain Channel Business Centre Ingles Manor, Castle Hill Avenue Folkestone, Kent, CT20 2RD	电话 网址	01303 856123 enquiries@stonefed.org.uk www.stone-federationgb.org.uk
苏瑞德英国有限公司 Sureset UK Ltd 32 Deverill Road Trading Estate Sutton Veny, Warminster, BA12 7BZ	电话 网址	01985 841180 www.sureset.co.uk
可持续交通慈善机构 Sustrans 2 Cathedral Square, College Green Bristol, BS1 5DD	电话 网址	0117 926 8893 www.sustrans.org.uk
柏油碎石有限公司 Tarmac Ltd. Muirfields Road, Ettingshall Wolverhampton, West Midlands, WV4 6JP	电话 网址	0800121218 www.tarmac.co.uk

续表

公司		联系方式
塔塔钢铁集团 Tata Steel 30 Millbank, London SW1P 4WY	电话 网址	020 7717 4444 feedback@tatasteel.com www.tatasteeleurope.com
特萨尔国际集团 Tensar International Cunningham Court, Shadsworth Business Park Blackburn, BB1 2QX	电话 网址	01254 262431 www.tensar.co.uk
特兰姆有限公司 Terram Ltd. Fiberweb Geosynthetics Ltd. Blackwater Trading Estate, The Causeway Maldon, Essex, CM9 4GG	电话 网址	01621 874200 www.terram.com
英国木材贸易联合会 Timber Trade Federation The Building Centre, 26 Store Street London, WC1E 7BT	电话 网址	020 3205 0067 www.ttf.co.uk
特拉达科技有限公司 TRADA Technology Ltd Stocking Lane, Hughenden Valley High Wycombe, HP14 4ND	电话 网址	01494 569600 01494 565487 www.trada.co.uk
特百思有限公司 Tubex Ltd. Fiberweb Geosynthetics Ltd Blackwater Trading Estate, The Causeway Maldon, CM9 4GG	电话 网址	01621 874201 www.tubex.com
英国木材保护协会 Wood Protection Association 5C Flemming Court, Castleford West Yorkshire, WF10 5HW	电话 网址	01977 558274 info@wood-protection.org www.wood-protection.org

续表

林地信托基金（英格兰）Woodland Trust (England) The Woodland Trust, Kempton Way Grantham, NG31 6LL	电话 网址	01476 581111 www.woodlandtrust.org
废物及资源行动计划 Wrap (Waste & Resources Action Programme) The Old Academy, 21 Horse Fair Banbury, OX16 0AH	电话 网址	0808 100 2040 www.wrap.org.uk
锌金属信息中心 Zinc Information Centre Wrens Court, 56 Victoria Road Sutton Coldfield, West Midlands, B72 1SY	电话 网址	0121 362 1201 0121 355 8727 zincinfocentre@hdg.org.uk www.zincinfocentre.org

索引*

---

*索引页码为原版书页码，排于正文边上。——编者注

译后记

我国风景园林学科已进入快速发展的阶段，对风景园林从业者提出了更高的要求，需要一本能够随时提供快速服务的便携式工具书，目前国内缺少较为系统的工程技术专业指南，这本《风景园林师便携手册》（Landscape Architect's Pocket Book）的顺利出版对于指导风景园林教学和实践都是有益的。

《风景园林师便携手册》是一本便于携带、能够为风景园林从业者和学习者提供基础理论知识和快速实践指导的工具书。它涵盖了硬质景观、软质景观、管理、法规、设计指南等大量实践知识，还包括了便于查阅的重要专业术语词汇表，相关知识图表和检索表，本次翻译的全新版本还包含了英国关键规划、环境立法、相关指南及国家标准的更新和修订。内容全面翔实、简明易读，方便快速查阅。

本书的作者西沃恩·弗农（Siobhan Vernon）、雷切尔·坦南特（Rachel Tennant）和尼古拉·加莫里（Nicola Garmory）都拥有多年的风景园林专业从业经验，他们懂得在实践过程中哪些内容是必须要快速掌握的，哪些信息是需要作为常识随时提取的。本书的内容是作者多年从业经验的高度总结与凝练，以此我们可以掌握国外风景园林行业的相关工程技术、立法、指南及标准的发展现状和最新动态，为国内相关领域的发展提供借鉴。

重庆大学风景园林专业的硕士研究生柘弘和本科生曹蒙两位同学在翻译过程中进行了大量的文字整理工作，在此表示感谢！限于水平与时间，本书尚有诸多不足，恳请读者批评指正（电子邮箱：luodan@cqu.edu.cn、wyfla@cqu.edu.cn）。

译者

于重庆沙坪坝，2018 年 6 月